本书获得国家自然科学基金青年项目（61806073）、国家自然科学基金河南省联合基金项目（U1904119）、河南省科技公关项目（192102210097，192102210126，192102210269）、中国民航大学省部级科研机构开放基金（CAAC-ITRB-201607）、河南省高等学校重点科研项目（18A520050）的资助

 信息化网络平台研究丛书

人体行为识别算法研究

裴利沈◎著

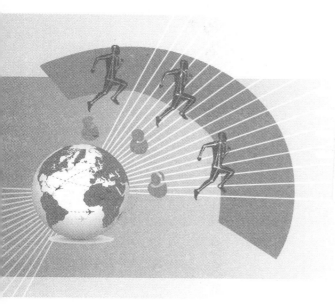

RESEARCH ON HUMAN ACTION
RECOGNITION ALGORITHMS

经济管理出版社
ECONOMY & MANAGEMENT PUBLISHING HOUSE

图书在版编目（CIP）数据

人体行为识别算法研究/裴利沈著 . —北京：经济管理出版社，2020.8
ISBN 978-7-5096-7344-7

Ⅰ . ①人… Ⅱ . ①裴… Ⅲ . ①人体—行为分析—算法—研究 Ⅵ . ①TP302.7

中国版本图书馆 CIP 数据核字（2020）第 146656 号

组稿编辑：杨　雪
责任编辑：杨　雪　王　硕　陈艺莹
责任印制：黄章平
责任校对：董杉珊

出版发行：经济管理出版社
　　　　　（北京市海淀区北蜂窝 8 号中雅大厦 A 座 11 层　100038）
网　　　址：www. E-mp. com. cn
电　　　话：(010) 51915602
印　　　刷：三河市延风印装有限公司
经　　　销：新华书店
开　　　本：710mm×1000mm /16
印　　　张：9
字　　　数：158 千字
版　　　次：2020 年 8 月第 1 版　　2020 年 8 月第 1 次印刷
书　　　号：ISBN 978-7-5096-7344-7
定　　　价：52.00 元

前　言

　　行为识别是计算机视觉、机器学习、人工智能等领域的热点与重点研究问题。该问题对图像、视频数据中的人体行为进行分析识别，其研究成果在安全监控、老年人和病人监护、视频索引与检索、人机交互和物联网等方面得到了广泛应用。然而，现有行为识别技术对解决某些实际应用问题却力有不逮。为解决一些实际问题，本书针对如下四个关于视频中人体行为识别问题展开研究。在特定场景下，某些行为的样本极难收集，如何利用极少的样本快速地对特定行为进行识别；在比较复杂但行人可检测的场景中，如何有效地对特定行为进行识别；在比较复杂但行人可检测的场景中，如何快速有效地对多类行为进行识别；在不能有效定位行人的复杂场景中，如何有效地对多类行为进行识别。

　　本书从实际应用问题出发，以模式识别、机器学习和深度学习等理论为基础，开展了一系列创新性的研究，并提出了如上四个问题的解决方法。本书的研究内容主要包括如下几个方面。

　　对特定场景下的特定行为，提出了基于霍夫投票的全局行为表征方法，即位移直方图序列表示法。该方法首先对行为视频中的运动区域进行粗略估计；然后根据运动区域中连续多帧图像中的兴趣点的匹配情况，使用二维的位移直方图表征这些连续图像中人体的运动信息；将行为表征为位移直方图序列之后，采用矩阵余弦相似度的度量方式对行为进行识别；对于识别的行为，匹配的兴趣点精确地定位了行为发生的时空位置。实验结果表明，在静态场景或背景均匀一致情况下，该方法能够有效地对特定行为进行检测识别。此外，该方法采用从粗到细的行为定位方式，有效地提高了行为的表征速度。该方法解决了在样本极少情况下，特定行为的识别与检测问题。

　　对比较复杂场景下，但行人可检测的特定行为，提出了一种在新视角下对人体行为进行时空特征学习的方法。该方法首先对行为人体进行检测与跟踪，并使用多限制玻尔兹曼机（RBM）对人体各部位的时序形状特征进行时空特征编码；然后将人体各部位的时空特征编码通过 RBM 神经网络整合为行为视频的全局时空特征表征；最后通过训练的支持向量机分类器对行为进行识别。大量实验验证了该方法的有效性。这种从视频侧面，即从人各部位的形状特征序列中提取时空特征的方法，开辟了行为特征提取的新视角。该方法解决了较复杂场景下，特定行为的识别问题。

对比较复杂场景下行人可检测的多类行为，提出了一种基于倒排索引表的快速的多类行为识别算法。该方法首先从检测与跟踪到的行为人体的兴趣区域中提取形状运动特征，并通过层级聚类的方法利用这些特征构建行为状态二叉树；基于状态二叉树，快速地将行为表征为行为状态序列。其次通过构建的行为状态倒排索引表与行为状态转换倒排索引表，计算行为状态序列对应于各行为类别的两个分值向量。最后根据加权的分值向量的累加和来识别行为。实验表明，该方法能够快速地识别多类行为。行为状态二叉树的应用，加快了对行为视频的行为状态序列表征；倒排索引表的使用，明显提高了多类行为的识别速度。该方法解决了较复杂场景下，多类行为的快速识别问题。

对不能有效定位行人的复杂场景中的多类行为，提出了一种基于独立子空间分析网络利用从视频中学习的空间特征对视频行为进行时空特征编码的方法，进行行为识别。首先，该方法利用引入规则化约束的独立子空间分析网络，学习了一组时间缓慢不变的空间特征；对从采样的视频块中提取的此类特征在时间域与空间域上进行池化处理，得到了能够有效地识别行为的局部时空特征。其次，基于 Bag-Of-Features 模型使用提取的局部时空特征对行为进行表征。最后，采用非线性的支持向量机分类器识别多类行为。实验结果表明，时间缓慢不变规则化约束与去噪准则的引入，使学习的空间特征及提取的局部时空特征对混乱背景和遮挡等因素具有较强的鲁棒性。该方法解决了复杂场景下，多类行为的识别问题。

本书受到如下多个科研项目的支持，中国国家自然科学基金（61806073，U1904119）、中国民航大学省部级科研机构开放基金（CAAC-ITRB-201607）、河南省重点研发与推广专项（科技攻关）项目基金（192102210097、192102210126、192102210269、172102210171）和河南省高校关键科学研究项目（18A520050）等。由于笔者水平有限，对于书中的不足和错误之处，恳请读者批评指正，有问题可邮件联系（651863271@ qq. com）。

目　录

第1章 绪 论

1.1 研究背景及意义

近年来，随着互联网技术的发展进步，网络环境的完善，以及数码相机、摄像录影机等视频获取设备的普及，网络视频、手机视频、监控视频数据呈爆炸性的增长趋势。在网络视频方面，作为一种被广泛使用的媒体，网络视频已成为人们日常生活和工作不可或缺的重要组成部分。2018年全球数字报告显示，互联网用户数突破40亿大关，且该数字仍然呈现出快速增长的趋势。海量的网络视频数据，极速增长的网络视频用户，使得传统的视频分析处理方法已经满足不了人们日益增长的各种需求。

在手机视频方面，手机已成为移动互联网时代非常重要的互联网接口。随着手机功能的增强以及人们需求的提高，手机接收、上传的内容逐渐从文字向图片和视频过渡。著名的行业调研公司 IHS Markit 发布的一份调查报告显示，2021年全球智能手机将达到60亿部。这些移动设备用户可以随时随地拍摄视频，并上传到网络中。这些移动设备采集的视频数据有一个共同的特点。它们基本上都是由用户随手拍摄并上传于网络中，很少有文字描述。即便有些视频有文字描述，但由于拍摄者的心情和拍摄者对视频的态度等因素的影响，可能造成这些视频的文字描述具有极大的差异。鉴于目前的视频搜索引擎还主要依赖于视频的文本描述，对这些由移动设备产生的视频进行有效的检索仍是一个巨大的挑战。

在监控视频方面，随着"平安城市""智慧城市""智慧交通""科技强警""国家应急体系"等一系列重大项目在全国各地的不断推进，智能视频监控在众多行业都有大量的需求，例如交通、银行、石油化工、公安国安、军队及武警、钢铁、矿业、林业、建筑，商场与展馆等行业。由于摄像头高清化、超高清化的加强趋势，以及监控摄像头不停歇地录制视频，这些监控数据呈"爆炸式"增长。不同于一般的结构化数据，视频监控产生了大量的非结构化数据。这些数据必须经过繁重复杂的分析处理，才能从中提取出结构化的数据以进行下一步处理。这些给数据管理、数据分析以及视频监控数据的传输、存储和计算等带来了极大的挑战。

网络视频、手机视频以及监控视频的极速增长产生的海量数据，对人们在视频数据方面的分析处理能力提出了新的挑战。传统的视频内容分析方法已经远远不能胜任时效性的需求。然而，目前仍有大量的视频分析工作是通过人工标注、人工查看等模式进行处理的。这种方法需要从头至尾顺序查看视频，消耗了大量的人力、物力和精力。通常，刑侦部门为了快速地从大量的监控视频中寻找证据与线索，需要采用人海战术对视频进行查看，为避免遗漏和误差，又被迫加大人力的投入。这种枯燥重复的查看工作，不仅影响了破案速度，也使工作人员疲劳不堪。快速有效地对视频内容进行分析，不能依赖于传统方法，必须寻找新的突破。

视频数据的急速扩张，产生了大规模的计算需求，一味地采用高额硬件配置，已使用户不能承受。此外，海量数据与有效数据之间的矛盾也日益彰显。如监控视频如实记录镜头覆盖范围内所发生的一切，但有效信息只分布在一些较短的时间段内，大部分监控信息是无效的。为了迎接视频数据极速增长的挑战，解决大规模计算需求与高配硬件、海量视频数据与有效数据之间的矛盾，对视频内容的分析研究早已提上日程。

人是社会的主导者，研究视频中的人体行为是一项非常重要且有意义的任务。对视频中人体行为的分析识别，是视频内容分析的重要组成部分。而且，视频中大部分有意义的信息都与人类活动有关，人体行为识别是智能监控、基于内容的视频检索和人机交互等应用的重要研究内容。人体行为识别的研究对交通和公安刑侦等众多行业都有积极的推动作用。该研究课题吸引了众多研究工作者的关注，是计算机视觉和人工智能领域的研究热点和难点。

在计算机视觉领域，众多科研人员对人体行为进行了各种抽象层次的定义。本书认同 Moeslund（2006）的观点，将人的运动划分为三个层次，即人体基本动作（Primitives）、人体行为（Actions）与人体活动（Activities）。人体的基本动作是构成行为与活动的原子动作，主要包括转头、举手、抬脚等简单的肢体运动。人体行为则是由一系列基本动作按照一定的时序规则组合而成，例如走路和跑步等行为。人体活动通常是建立在行为之上的一些事件，它依赖于活动场地、交互的物体或人类个体。例如打羽毛球，发生在羽毛球场，使用物品包括羽毛球拍和羽毛球，而且该活动还需要多个人类个体交互完成发球和接球等一系列人体行为。

目前，大量学术研究集中在人体行为的识别与检测上。本书主要对视频中的人体行为进行识别研究。下面简单介绍一下人体行为识别的概念范畴。人体行为识别是指，使用模式识别和机器学习等方法，从一段未知视频中自动地分析识别其中的人体执行的行为。简单的行为识别也称为行为分类，它将未知视频中的人体行为正确地分类到预先定义的几种行为类别中。较为复杂的行为识别是指识别视频中多个人体正在交互进行的群体活动。行为识别的最终目标是自动地分析视频中有什么人（Who）、在什么时刻（When）、什么地方（Where）、做了什么事情（What）。目前，行为识别的研究还处在根据预先定义的行为类别进行多类行为识别的阶段。

人体行为识别是一个多学科交叉融合的研究方向，它涉及了计算机视觉、机器学习、人工智能、模式识别和图像处理等众多学科的研究。目前，人体行为识别是诸多研究中最具发展潜力且最为活跃的研究方向之一，国内外许多一流的学术机构和科学家们都在从事行为识别的研究。人体行为识别是国家自然科学基金重点支持的研究方向"视听觉信息的认知计算与人机交互"的重要研究内容；同时也是《国家中长期科学和技术发展规划纲要》中前沿技术类智能感知技术方向的重点研究对象。该方向因应用而生，在以人类为主导的社会生活中，它广泛应用于人类生活与工作的各个方面。对视频中人体行为识别关键技术的研究，具有非常重大的学术价值与应用价值。

在学术方面，近年来，计算机视觉与机器学习等领域的重要会议与权威期刊，纷纷开辟了关于行为分析识别的研究专题，以方便专家学者进行交流讨论。此外，国内外的一些大型研究机构或高校，纷纷设立了关于视频监控与行为识别方面的科研项目。在国际上，美国国防高级研究项目署（DARPA）的视频监控项目（Visual Surveillance and Monitoring）、美国的马里兰大学（University of Maryland）的 W4 实时视频监控项目以及英国的雷丁大学（University of Reading）的计算机视觉小组开展的公开区域人类活动的监控与理解项目等都对人体行为的分析、识别与理解进行了研究。在国内，中国科学院自动化研究所、国家"985 工程"和"211 工程"重点建设大学的许多实验室以及微软亚洲研究院等众多研究机构也都开展了关于行为识别的智能视频监控方面的科研项目。

在应用方面，基于视频的人体行为识别与理解有非常广泛的应用，如病人和老年人监护、机器人研究、视频自动分析与标注、人机交互、虚拟现实、基于内容的视频检索和基于智能监控的刑侦破案等。目前，行为分析识别的研究在很多应用中得到了较快的发展。在智能监控方面，大量的视频监控服务器或嵌入式系统已广泛应用于车站、展览馆和商场等各种场合。在人机交互方面，许多体感游戏通过对人体动作行为的识别，使游戏参与者与游戏中的虚拟世界进行交互。在国外，IBM 与 Microsoft 等公司正逐步将基于视觉的手势识别接口应用于商业领域；以色列厂商 ioimage 生产的智能监控设备正迅速占领国际市场。在国内，随着城市化建设的大举推进，政府需要加强治安管理，提高监控能力；企业需要加强内部安全防范，发展高新科技产业等。政府与企业强烈的消费意愿，促使越来越多的研究机构和厂家加入基于行为识别的监控系统和机器人等方面的应用研究中。

1.2 研究现状及存在问题

人体行为识别是计算机视觉领域中一个非常重要的研究方向，它在安全监控、病人和老年人监护、人机交互、多媒体信息检索和机器人感知等方面得到了广泛的应用。科研人员在该研究方向上投入了大量的精力，也取得了非常多的研究成果。这些研究成果主要集中在两个方面，即人体行为的表征方面与人体行为的分类方面。它们分别对应于人体行为识别流程的两个非常重要的阶段。接下来，在人体行为识别的概述部分，我们将详细介绍人体行为识别的流程。

本书主要集中于对人体行为的表征方法的研究，对多类行为的快速分类方法也有涉猎。据此，在介绍人体行为识别的研究现状时，本书将大量的篇幅集中于人体行为的表征方面，分别对基于人工设计特征与基于深度学习特征的人体行为表征方法进行详细介绍。在介绍了人体行为的各种表征方法之后，本书对人体行为识别的一些重要的经典的分类方法也进行了简单的介绍。在该部分，本书对现有的一些行为表征方法与行为分类方法存在的问题，也进行了相应的分析，并指出了一些行为识别领域亟待解决的问题。

1.2.1　人体行为识别概述

人体行为识别一般是指，利用计算机视觉和模式识别等技术方法对一段视频中的人体正在执行的行为进行分类识别。该问题需要预先定义行为的类别标签，继而根据训练样本的标签给未知的行为视频分配正确的行为类别标签。由于人体行为在表现形态方面存在多样性，对人体的行为类别进行定义是一个非常困难的问题。目前，关于行为类别，尚没有标准明确的定义或说明。而现有的大部分公用行为数据库，都是按照不同的标准对行为类别进行人为的指定。或根据日常的命名，或根据某领域的特定命名对行为的类别标签进行设定。

基于计算机视觉、模式识别和机器学习等技术，对行为进行识别的方法多种多样且层出不穷。然而，这些方法都遵从一个统一的处理过程。该行为识别方法的处理过程如图 1-1 所示。该图将基于机器学习与基于深度学习的行为识别方法统一整合，明确展示了对采集的视频数据中的人体行为进行识别的整个过程。基于机器学习的行为识别算法，一般使用传统的人工设计特征对行为进行表征，并采用 SVM、Adaboost、决策树和随机森林等分类器对行为表征进行分类识别。基于深度学习的行为识别算法，则通过深度神经网络架构学习的特征对行为进行表征，且大部分方法都采用 Softmax 等全连接的神经网络分类层对行为进行识别。

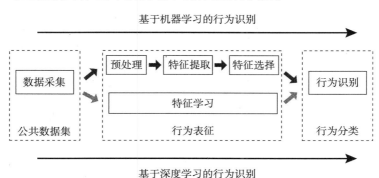

图 1-1　人体行为识别流程

从图 1-1 中可以看出，人体行为识别的过程大体可以分为三部分：数据采集、行为表征和行为分类。其中，行为表征对行为识别至关重要。目前，有大量的研究工作致力于为行为视频设计或学习具有区分性的特征表征。行为分类通常指：根据已知视频行为的特征表征及类别标签训练分类器，并使用分类器对未知视频行为进行分类识别。根据行为识别的处理过程，首先对数据采集进行简单的介绍，然后从行为表征和行为分类两个方面对行为识别问题进行分析。

一般来说，基于计算机视觉和机器学习的行为识别研究，对行为数据的采集问题投入的精力非常少。行为识别常用的数据模态一般为 RGB 视频数据。此外，深度图像序列、音频和人体骨骼序列等其他模态的数据也被用于行为识别的研究。本书主要介绍基于 RGB 视频数据的行为识别问题的研究。目前，有大量的设备可以采集 RGB 视频数据，如常见的智能手机、平板电脑和监控摄像头等。为便于与当前最新、最优秀的行为识别算法在同一基准上进行比较，众多科研人员一般都基于一些公用的数据集进行行为识别问题的研究。

关于视频中人体行为的表征，尚有许多问题远未解决。由于衣着服饰、运动习惯、复杂背景、拍摄视角和遮挡等因素的影响，各行为类别存在很大的类间相似性与类内差异性。这使得设计或学习鲁棒的有效的行为特征表征具有很大的挑战。针对这些难题，以及各种实际应用中出现的问题，众多科研人员开展了大量的关于行为表征的研究。行为分类主要涉及行为分类器的设计与训练。虽然行为表征的可区分性对行为识别至关重要，但高效的分类器对行为识别也非常重要。目前的行为分类方法大致可分为两种类型，即基于判别模型的行为分类方法与基于生成模型的行为分类方法。

1.2.2 人体行为的表征方法

目前，关于人体行为的表征方法的研究非常多。这些方法大致可以分为两大类，即基于传统的人工设计特征的行为表征方法与基于深度学习特征的行为表征方法。在深度学习技术未展现其强大的识别能力以前，人工设计特征的研究在行为识别领域中占据主导地位，并产生了大量的表征行为的研究成果。2006 年，加拿大多伦多大学 Geoffrey Hinton 教授等在《科学》上发表的研究成果（Hinton，2006），开启了深度学习在学术界与工业界的研究热潮。随着深度学习技术在语音识别（Hinton，2012）和图像识别（Krizhevsky，2012）方面获得了巨大的成功，基于深度学习技术的行为表征方法的研究也获得了越来越多的关注。下面，本书从人工设计特征与深度学习特征两个方面，对视频中的人体行为表征的研究现状进行介绍。

1.2.2.1　基于人工设计特征的行为表征

基于人工设计特征对人体行为进行表征的研究成果非常多，这些成果大致可以概括为两类，即基于局部特征的行为表达与基于全局特征的行为表达。基于局部特征的行为表征方法，一般会对行为视频进行时空兴趣点检测，或进行兴趣区域采样等处理，然后提取局部特征进行行为分类识别。而基于全局特征的行为表征方法，一般需要进行前景背景分割、运动检测、行为主体的检测或跟踪等处理，然后提取全局特征进行行为分类识别。这两类方法各有优劣，也各有其适用的行为识别场景。下面，本书从这两个方面，对基于人工设计特征的行为表征的研究现状进行介绍。

（1）局部特征。行为识别的局部特征主要是指从行为视频的兴趣点或兴趣块中提取的特征描述。该类方法不需要对行为视频进行前景背景分割，也无须对行为人体进行精确的定位和跟踪。此外，局部特征描述对行为的部分遮挡和人体的体表变化等问题也不甚敏感。因此，基于局部特征对行为进行表征是一种广泛使用的方法，目前有大量的局部时空特征用于识别行为。有大量的局部特征是从行为视频的兴趣点中提取的。由于人体运动的突变包含了大量的对行为识别有用的信息，行为视频的兴趣点被设置为人体运动的突变点。这些兴趣点可以通过一些兴趣点检测方法进行检测。对于这些检测到的兴趣点，有大量的特征描述方法可以对其进行局部特征提取。首先，介绍一些广泛使用的局部特征点的检测方法；然后，对局部特征点的特征描述方法进行介绍。

在文献（Laptev，2008）中，Laptev 等对 Harris 角点检测方法（Harris，1988）进行了时空扩展，在行为视频中进行 Harris3D 兴趣点检测。Harris3D 检测器检测在行为视频的空间维与时间维上都具有显著变化的点区域，并自适应地选择兴趣点的时间尺度与空间尺度。该时空兴趣点在（Laptev，2008）中，获得了非常好的行为识别效果。在文献（Oikonomopoulos，2006）中，Oikonomopoulos 等提出了一种基于时空显著点的行为表征方法。该方法对行为视频中每个点对应的时空邻域，计算其信号直方图的 Shannon 熵；并将取得 Shannon 熵的局部极大值的位置点作为时空显著点；而且，局部最大化的熵值决定了该显著点的尺度。

这两种时空兴趣点检测方法，要求检测的兴趣点在空间尺度与时间尺度上都具有显著变化。然而，在人体执行的各种行为中，满足这种严格的显著性要求的时空兴趣点非常少。因此，这两种方法检测到的时空兴趣点非常稀疏，兴趣点的数目也比较少，这对行为识别的后续处理有一定程度的影响。针对该问题，Dallar（2005）等提出了一种基于空间维上的高斯平滑滤波器与时间维上的 Gabor 滤波器的 Cuboid 检测方法。该方法能检测出密集的时空兴趣点。类似地，在文献（Rapantzikos，2007）中，Rapantzikos 等使用离散小波变换，通过低通和高通滤波器的响应值来检测时空兴趣点。在文献（Rapantzikos，2009）中，Rapantzikos 等又引入了运动信息与颜色信息进行时空显著点检测。这些时空兴趣点检测方法均检测到了密集的时空兴趣点。

在文献（Willems，2008）中，Willems 等将二维图像中的 Hessian 显著点检测方法扩展到了三维视频中。该方法提出的 Hessian 时空兴趣点检测器，使用 3D Hessian 矩阵的行列式来评估视频中各位置点的显著性。Hessian 时空兴趣点检测方法以一种非迭代的方式，自动地选择兴趣点的时空位置与尺度。该方法能够检测到更为密集且尺度不变的时空兴趣点。

除了利用时空兴趣点来提取局部特征，有些方法通过密集采样或随机采样的方式来进行局部特征提取。密集采样的方法在不同的时间空间尺度上，将行为视频分割成密集的视频小区块（Cuboid），并分别对每个小区块提取特征。随机采样的方法随机地设定采样视频小区块的时空位置与尺度，并对采样的小区块提取特征。文献（Liu，2013）使用 AdaBoost 算法，从密集采样的特征中来选择最具有区分性的特征子集，使用朴素贝叶斯最近邻分类器来识别行为。类似地，基于跟踪轨迹的密集采样，Heng Wang 等提出了有效的行为识别算法（Wang，2011）及其改进算法（Wang，2013）。

在文献（Wang，2010）中，Heng Wang 等通过实验验证，在真实的视频场景中，密集采样的方法比基于 Harris3D、Cuboid、3D Hessian 时空兴趣点的检测方法获得了更好的行为识别效果。Feng Shi 等在文献（Shi，2013）的理论基础上得出结论，均匀随机采样（Nowak，2006）（Uniform Random Sampling）能获得与密集采样方法相比拟的行为识别效果。文献（Vig，2012）的研究成果显示，最少使用 30% 的密集采样特征便能获得与密集采样方法一样的行为识别效果。Mathe 与 Sminchisescu 也获得了类似的结论（Mathe，2012）。相比于基于时空兴趣点的局部特征，以密集采样或随机采样的方式提取的特征获得了较好的行为识别效果。然而基于随机采样或密集采样的特征，包含了大量的行为视频的信息。这些信息存在一定量的冗余，为行为识别带来了不必要的冗余计算。

基于上述方法，检测到时空兴趣点，或采样到局部视频块以后，为了提高行为的识别效果，一般会从时空兴趣点的邻域或采样的视频块中提取运动信息与表象信息来描述行为。而且，一般会选择对光照、遮挡、尺度、衣着外观和背景变化等因素不敏感的特征作为特征描述子。常用的描述子包括兴趣点邻域或视频块内的像素分布特征、像素强度、梯度强度、梯度方向、形状特征和光流特征等。下面介绍一些常用的局部特征描述方法。

对应于 Cuboid 时空兴趣点检测方法，Dollar 等提出了一种 Cuboid 特征描述子（Dollar，2005）。该描述子提取了归一化的像素强度、梯度与光流三种底层特征，并据此设计了一种具有一定时空位置信息且对扰动鲁棒的局部直方图描述方法。为了降低该特征的维度，主成分分析（PCA）法被用来对其进行降维。为了刻画兴趣点邻域或采样视频块内的表象与局部运动信息，Laptev 提出了 HOG/HOF 特征描述子（Laptev，2008）。该方法将梯度方向直方图（Histogram of Oriented Gradient）特征描述子与光流直方图（Histogram of Optical Flow）特征描述子拼接为一个特征向量，作为刻画行为的 HOG/HOF 特征描述子。该方法对存在阴影，以及光照变化的场景具有较好的稳定性。

基于三维的梯度方向直方图，Klaser 等将广泛使用的 SIFT 特征描述子（Lowe，2004）扩展到三维行为视频中，提出了 HOG3D 特征描述子（Klaser，2008）。在计算 HOG3D 特征描述子的过程中，基于积分图的思想，Klaser 等使用积分视频（Integral Video）来计算梯度，并使用规则正多面体对时空梯度的方向进行均匀量化。该特征联合了兴趣点邻域或视频块内的形状信息与运动信息。

Willems 等将二维图像中的 SURF 特征描述子（Bay，2008）扩展到三维行为视频中，提出了 ESURF（Extended SURF）特征描述子（Willems，2008）。该特征将时空区域分割为多个大小相同的视频小区域。每个小区域的特征描述，分别使用加权的在三个时空维度上的哈尔滤波器（Haar-

Wavelets）的均匀采样的响应值来表示。

行为识别使用的局部特征，大部分都是从二维图像的特征描述扩展而来。在文献（Wang，2010）中，Heng Wang 等对这些局部特征描述子进行了比较，并得出了如下的结论：在一般情况下，联合了梯度特征与光流特征的描述子的行为识别效果比较好。相比于全局特征，局部特征无须进行前景背景分割、运动检测、人体检测与跟踪等处理，而且对人体外观变化、遮挡、混乱背景和视角变化等因素更为鲁棒，更适用于真实的行为识别场景。提取了大量的局部特征，如何对行为视频进行表征非常重要。由于对不同的行为视频，提取的局部特征的数目不同，为了将行为视频表征为维度相同的特征向量，目前普遍采用词袋模型（Bag of Words）的方法，将行为视频表征为直方图向量，以进行后续的行为识别。

（2）全局特征。行为识别的全局特征提取方法，一般把执行行为的人体作为整体，使用自上而下的方式对其进行特征描述。该类方法一般首先使用前景背景分割、运动检测或行人检测跟踪算法对视频中的人体进行定位，然后对以人体为中心的兴趣区域进行整体描述。全局特征包含的信息比较完整，对行为视频来说是一种良好的表征方式。常用的全局特征主要有人体骨架特征、人体轮廓特征、人体时空形状特征、人体形状和运动特征以及一些高层特征等。

基于人体骨架特征的行为表达是指：通过姿态估计方法或深度图姿态估计方法，获取人体各部件的位置、关节点的位置以及关节点的运动信息来表征行为。在文献（Ali，2007）中，Ali 等利用人体头部与躯干的五个归一化的节点的轨迹信息构建人体的行为特征。在文献（Yilma，2005）中，Yilma 等使用 13 个人体节点的轨迹信息进行行为识别。在文献（Jhuang，2013）中 Jhuang 等使用人工标记的 14 个关键点表达的姿态特征进行行为识别；并通过实验对比，发现了这种基于关节点姿态的特征表达比局部特征获得了更好的识别效果。在文献（Singh，2011）中，Singh 等使用 15 个链接点来表征人体行为的关键姿态，并利用跟踪信息进行行为识别。

基于轮廓的全局特征，可以通过帧差法或背景差分法来获取。如 Bobick（2001）基于对兴趣区域的帧差处理，提取了运动能量图（Motion Energy Image）。该图反映了人体运动的分布情况，确定了人体行为发生的空间位置。基于运动的能量图，他们提取了行为的运动历史图（Motion History Image），该图确定了行为发生的时间。然后，该方法将运动能量图与运动历史图的

Hu 矩特征作为行为的时间模板（Temporal Template）以模板匹配的方式进行行为识别。

在基于人体的时空形状特征方面，Blank 等（2005）使用背景差分法来提取人体的剪影信息，并据此将行为表征为时空形状。然后，基于泊松方程解的性质，利用提取的时空形状的方向、突出点和结构等特征的联合向量来表征行为。Yilmaz 等（2005）基于轮廓信息从行为视频中提取三维的时空卷（Spatio-temporal Volume），并使用时空卷的谷点、鞍点和峰值点等特征来表征行为。Weinland 等（2005）利用运动历史卷（Motion History Volumes）进行视角无关的行为识别。Derpanis 等（2010）使用三维的高斯三阶导数滤波器组提取的时空方向结构特征来表达行为。

在基于人体的形状特征与运动特征方面，文献（Weilwun，2006）利用 PCA-HOG 特征描述子提取行为视频的表象信息，对低分辨率场景中的运动人体同时进行跟踪与行为识别。Schindler 等（2008）在多个尺度多个方向上提取行为人体的表象特征与光流特征，并将二者联合起来表征行为。该方法可以对行为视频进行帧图像级别的行为识别。此外，还有一些基于形状或光流的全局特征，在使用行人检测与跟踪算法对行为人体进行定位的基础上，对行为进行特征表达。如 Efros 等（2003）基于行为人体的定位信息，使用光流特征对行为视频的每帧图像数据进行表达，并在低分辨率的视频场景中获得了较好的行为识别效果。Lin（2009）和 Jiang（2012）根据对行为人体的定位信息，提取行为人体的形状和运动（Shape and Motion）特征，并利用这些特征构建多行为共享的原型树（Prototype Tree），实现了将视频行为快速地表征为原型序列。然后，使用动态时间规整（Dynamic Time Wrapping）的方法进行行为识别。

除了这些基于底层特征或中层特征的全局特征描述，Sadanand 等（2012）提出了一种高层的行为表征方式。该方法基于三维的高斯三阶导数滤波器组，使用时空金字塔的级联特征来表达行为。该方法训练了多种类型多种视角下的行为模板以组成行为仓库（Action Bank），最后以行为视频对仓库中所有模型的最大响应作为行为表达，使用支持向量机进行行为分类。

综上所述，行为识别的全局特征通常需要使用前景背景分割、运动检测和行为检测跟踪等算法，来定位行为兴趣区域，所以该类方法对遮挡、混杂背景、拍摄视角、人体服饰和人体的胖瘦体型等比较敏感，但是包含的信息比较丰富。相比于局部特征，全局特征更适用于有一定约束的视频场景。

1.2.2.2　基于深度学习特征的行为表征

伴随着深度学习方法在语音识别（Hinton，2012）与图像识别（Krizhevsky，2012）方面取得的巨大成功，基于深度学习技术的视频行为的表征方面的研究工作（Le，2011；Taylor，2010；Liang，2014；Wu，2014）也越来越多。尽管目前行为识别已经在深度学习领域开展了一些研究工作，但开创性地使用深度学习技术进行行为识别的研究还非常少。大部分方法都是将图像识别的神经网络架构扩展到三维视频中用于行为识别。下面分别对这些基于神经网络的行为表征方法进行介绍。

基于卷积神经网络的行为表征方法，一般都使用学习的三维卷积核对行为视频多次进行卷积、归一化、降采样或池化等操作，直到最后将整个行为视频表示为特征向量或时空特征序列，然后使用神经网络分类器对行为进行识别。如 Shuiwang Ji（2013）等使用一个包含三个卷积层两个降采样层的 3D 卷积神经网络将行为视频表征为一个 128 维的特征向量。该方法最后使用了一个全连接层以端到端的方式实现了行为识别，并获得了良好的行为识别效果。Baccouche 等（2011）利用 3D 卷积神经网络以类似的方式学习时空特征，并通过长短时记忆（Long Short-Term Memory）网络对提取的时空特征序列进行行为识别。

基于各种神经网络架构，还可以提取行为的局部时空特征，并据此将行为视频表示为视频级的向量表征，最后使用神经网络分类器或其他分类器进行行为识别。如 Le 等（2011）基于独立子空间分析网络（Independent Subspace Analysis Network），以无监督的方式从行为视频中学习了一系列不变的局部时空特征。该方法以密集采样或兴趣点检测的方式从行为视频选择视频区域，并基于学习的特征从选择的视频区域中提取局部时空特征；然后以词袋的方式对行为视频进行表征，使用非线性支持向量机对行为进行分类识别。通过实验对比发现，相比于已有的人工设计特征，这些学习的特征获得了更好的行为识别效果。Karpathy 等（2014）通过卷积神经网络学习了局部时空特征，并以各种不同方式将行为视频表征为视频级的向量表征，使用神经网络分类器进行行为识别。

以概率模型为基础，基于限制玻尔兹曼机（Restricted Boltzmann Machine）

的神经网络架构也被用于行为识别的研究。如 Bo Chen 等（2010）基于卷积限制玻尔兹曼机，提出了一种称为时空深度置信网络（Space-Time Deep Belief Network）的模型。该模型能够无监督地从视频中学习不变时空特征，然后使用支持向量机对行为进行分类识别。Taylor 等（2010）使用有门限的卷积限制玻尔兹曼机，通过多次卷积、归一化和池化处理从连续的图像对中学习了一种潜在的特征表征，并通过神经网络分类器实现行为识别。

此外，有些方法（Liang，2014；Wu，2014）基于提取的人体部件的位置信息或骨架信息等，使用深度网络模型来识别行为。如 Liang 等（2014）使用 DPM（Deformable Part Model）对身体部件或目标进行检测，然后通过将身体各部件或目标的位置信息输入深度置信网络（Deep Belief Network）进行行为识别。文献（Wu，2014）使用深度置信网络（DBN）从行为的骨架数据中学习高层特征表征，然后基于学习的特征表征使用隐马尔科夫模型（HMM）进行行为识别。鉴于该类方法在行为识别方面的有效性，这种基于骨架信息使用深度学习方法进行行为识别的策略获得了越来越多的关注。

在行为识别领域，基于深度神经网络学习的特征获得了广泛的应用，并取得了良好的行为识别效果，但是这些方法还存在许多问题。首先，这些方法一般直接从视频像素数据中学习特征，需要训练大量的网络参数，这造成了对行为视频样本的巨大需求。然而，对于有些特定行为类别，其行为样本却非常难以收集。其次，这些深度学习方法在训练学习的过程中，需要对海量视频数据执行卷积操作。在二维图像中，卷积操作计算量比较小，但是在三维视频中，该操作的复杂度呈指数级增长。因此，在对视频进行处理时，深度学习技术对计算设备有比较高的要求，这限制了大量科研人员在该研究方向的发展。

在行为识别领域，深度学习方法虽然存在一些问题，然而，这些问题却也为解决实际应用问题提供了机遇。既然深度学习方法需要大量的样本，那么使用人工设计特征来代替视频像素数据作为神经网络模型的输入，是否能有效减少神经网络对训练样本数量的需求是一个值得深思的问题。人工设计特征与深度学习理论结合，对构建适应于特定行为识别任务的深度模型是否有指导意义也是一个值得考虑的问题。如何使用深度网络架构对行为进行快速有效的表达也是迫切需要解决的问题。真实的行为视频场景一般都比较复杂，而大部分的行为特征对混杂背景、遮挡、镜头变换和服饰变化等因素比较敏感。那么，针对复杂场景中的行为识别，学习稳定鲁棒性的不变特征，也是一个亟待解决的问题。

1.2.3　人体行为的分类方法

人体行为的分类是指，从行为视频的表征数据中训练学习一个模型或分类器；并利用该模型或分类器，对输入的行为特征表征 X 预测其对应的行为类别输出 Y。人体行为的分类问题与其他的分类问题一样，都属于模式识别、统计与机器学习的领域范畴，在这些领域中存在大量的分类方法。目前，在行为的分类识别应用中，广泛使用的分类方法可以概括性地分为两大类：基于判别模型（Discriminative Model）的行为分类方法与基于生成模型（Generative Model）的行为分类方法。下面，首先对人体行为分类的判别模型与生成模型进行简单的介绍，并对其优缺点进行简要分析；然后，分别对基于判别模型的行为分类方法与基于生成模型的行为分类方法进行介绍。

以二分类问题为例，简单介绍一下两种分类模型。基于判别模型的行为分类方法的基本思想是：在训练样本有限的情况下，根据有限的行为表征数据，建立判别函数：

$$Y = F(X)$$

然后，通过 Y 与阈值的比较来判定 X 属于哪种行为类别。判别模型利用有限的训练数据直接学习判别函数，该模型不能反映训练数据的结构特性，它学习的是不同行为类别的表征数据之间的分类面，反映的是不同数据类别之间的差异。对于分类预测问题，其目的针对性强、学习效率高。

基于生成模型的行为分类方法的基本思想为：根据大量的行为样本学习产生样本的数学结构，即行为的联合概率密度函数 $P(X, Y)$，并统计训练数据的概率分布 $P(X)$；然后，据此计算条件概率分布，即后验概率：

$$P(Y|X) = P(X, Y) / P(X)$$

将其作为预测模型进行行为分类。生成模型学习的是联合概率密度分布 $P(X, Y)$，基于大量的训练样本，它从统计学的角度学习了数据的概率分布情况。该模型不关心异类数据间的分类界限具体在哪里，反映的是同类数据的相似度。在样本充足的情况下，该模型能够更精确地反映样本的真实模型。

生成模型尝试着去寻找数据样本是如何产生的，并据此对新样本进行分类。判别模型不关心数据是如何生成的，它致力于寻找不同类别的样本之间的差别，并利用这些差别对新样本进行分类。这两种模型都实现了根据给定的行为特征表征 X 预测其相应的行为类别的功能。实际上，这两种模型也是相通的。生成模型 $P(Y|X)$ 隐性地表达了判别函数的形式，对于两类行为 y_1 与 y_2，根据 $p(y_1|X)$ 与 $p(y_2|X)$ 的比较对行为类别进行预测，对应于根据判别函数 $Y=p(y_1|X)/p(y_2|X)$ 的输出 Y 与阈值1的比较对行为进行分类。判别模型 $Y=F(X)$ 也隐性地使用了 $P(Y|X)$，虽然没有显式的计算概率，但是它使用训练数据对判别函数的学习，是假定在各行为类别先验概率相同的情况下，隐性地输出极大似然。

1.2.3.1 基于判别模型的行为分类方法

基于判别模型的行为分类方法，一般根据行为的训练样本或标签等信息，直接学习对不同行为类别进行分类的分类阈值、分类线或分类面。然后，根据这些判别阈值和判别线、面对行为进行分类。根据测试行为与各行为类别中的行为样本的度量距离，来进行行为分类的方法，也属于基于判别模型的范畴。行为识别常用的基于判别模型的分类器包含：K 近邻法、动态时间规整（Dynamic Time Wrapping）、支持向量机（Support Vector Machine）、AdaBost、决策树（Decision Tree）、随机森林（Random Forest）、条件随机场（Conditional Random Field）和神经网络分类器（Neural Network Classifier）等。下面对基于判别模型分类器的行为识别算法进行介绍。

基于距离度量进行行为识别的方法主要包括 K 近邻法和动态时间规整法。基于 K 近邻的行为识别算法，一般将行为视频表示为特征模板。如 Bobick 和 Davis（Bobick，2007）将行为视频表示为基于运动能量图（MEI）与运动历史图（MHI）的 Hu 矩特征的时间模板（Temporal Template），然后根据时间模板的马氏距离来度量测试行为与各行为类别的相似性，选择与测试行为距离最近的类别为其行为标签。

动态时间规整法是一种基于模板序列匹配进行行为分类的方法。该类方法一般将行为表示为人体的姿态或原型序列。如 Zhuolin Jiang 等（2012）基于形状运动特征构建的原型树，将行为表示为原型（Prototype）序列；

Veeraraghavvan 等（2006）将行为表征为时序模板组合；然后使用动态时间规整的方法进行行为分类识别。

最常用的行为分类方法为支持向量机（Support　Vector Machine）。如前文所述，在将行为视频表征为特征向量之后，把大量的局部特征、全局特征以及基于深度神经网络学习的特征等，使用支持向量机对行为进行分类。AdaBoost 算法也被用来进行行为识别。Li Liu 等（2013）利用 AdaBoost 方法，从密集采样的特征中选择的最具区分性的特征子集进行行为识别。Fathi 和 Mori（2008）基于学习的中层运动特征，使用 AdaBoost 分类器进行行为识别。

决策树和随机森林等分类方法也被用于行为识别。如 Angela Yao 等（2010）基于参数空间的投票方法，使用随机森林进行行为识别。Zhe Lin 等（2012）基于原型树（Prototype Tree）对行为进行表征，实现了对行为的形状运动特征的快速分类。条件随机场作为分类器，也被用于行为识别。如 Wang 和 Mori（2011）基于隐部件模型（Hidden Part Model），使用条件随机场进行行为识别。

随着深度神经网络的发展，有大量的网络架构使用端对端的方式进行行为识别。一般情况下，这些网络的最后一层或几层起到了分类器的作用，如 Soft-Max 分类网络和线性回归网络等。如前文所述，Ji（2013）使用 3D 卷积神经网络进行特征学习，最后使用一个全连接层神经网络进行行为识别。Karpathy（2014）使用类似的分类神经网络进行行为识别。Liang 等（2014）基于提取的身体各部件和目标的位置信息，使用深度置信网络（DBN）对行为进行分类识别。

1.2.3.2　基于生成模型的行为分类方法

基于生成模型的行为分类方法，首先，需要大量的行为样本来模拟行为的真实概率分布；其次，根据学习的概率模型，估算测试行为样本属于各行为类别的概率；最后，根据计算的概率值，为测试行为样本分配类别标签。行为识别常用的生成模型分类器包括：隐马尔可夫模型（Hidden Markov Model）、动态贝叶斯网络（Dynamic Bayesian Network）、潜在狄利克雷分配（Blei，2003）（Latent Dirichlet Allocation）、概率潜在语义分析（Hofmann，1999）（Probabilistic Latent Semantic Analysis）等。下面对基于生成模型的行为识别方法进行介绍。

　　隐马尔可夫模型被广泛应用于行为识别的研究之中。该模型将隐含状态对应于人体的姿态或行为状态,对观察与状态、状态与状态之间的概率转换进行建模;然后通过计算产生测试行为的概率来识别行为。如 Di Wu 等(2014)基于行为的骨架信息,利用隐马尔科夫模型识别行为。Yamato 等(1992)与 Oliver 等(2000)分别使用隐马尔科夫模型对行为与交互行为建模,并据此对行为与交互行为进行识别。Huang 等(2004)使用层级的隐马尔科夫模型对行为进行建模识别。

　　除了隐马尔可夫模型,动态贝叶斯网络也被广泛应用于行为识别。如 Park 等(2004)和 Du 等(2006)分别使用动态贝叶斯网络实现了对多人交互行为的识别。Ying Luo 等基于目标的分析与理解,使用动态贝叶斯网络识别运动视频中的行为。相比于隐马尔科夫模型,在行为建模的过程中,动态贝叶斯网络模型更为灵活,能更为准确地表达观测与状态、状态与状态之间的真实关系。然而,动态贝叶斯网络模型也更为复杂。在文献(Oliver,2005)中,Oliver 和 Horvitz 通过对办公室行为识别的应用,对动态贝叶斯网络和层级的隐马尔科夫模型进行了详细比较。

　　Niebles 等(2008)使用概率潜在语义分析 pLSA 与潜在狄利克雷分配 LDA,学习行为的时空单词及对应的行为类别的概率分布,并据此对视频中的人体行为进行识别与定位。Wong 等(2007)将隐式形状模型(Implicit Shape Model)引入概率潜在语义分析中,对 3D 行为视频进行分析并识别行为。基于潜在狄利克雷分配,Wang 等分别以半监督的方式训练了一个 Topic 模型(Wang,2009)和层级模型(Wang,2007)进行行为识别。

　　综上所述,用于行为分类识别的分类器非常多。一般情况下,行为分类器的选择,主要取决于行为视频的特征表征。设计或学习对不同行为类别具有区分性的特征表征,对行为识别任务来说更为关键。此外,分类器的研究在整个计算机视觉领域都非常重要,而且它更是属于模式识别和机器学习的范畴。在行为识别领域,致力于行为分类方法的研究非常少。当然也有少量的研究工作,根据设计或学习的行为特征表征,针对性地设计了相应的行为分类器。

　　根据前文的介绍可以发现,众多科研人员在行为识别方面投入了大量的精力,也提出了许多有效的行为识别算法。然而,现实科技生活对行为识别的各种应用需求尚未得到满足,行为识别的许多问题也尚未解决。目前,大量的行为识别算法需要大量的训练数据来训练行为的分类模型,然而有些特定行为类型的样本却很难收集，如犯罪分子对他人车辆、财物的盗取行为和对公用物品的打砸行为等。虽然也有一些基于单样本或少样本的行为识别方法，但是这些方法却又非常复杂。此外，大量的基于判别模型的多类行为识别算法，都基于二分类器进行多类识别，该类方法非常浪费时间。基于生成模型的行为识别算法不仅比较复杂，而且需要大量充足的训练样本，并且对多类行为的识别速度也相对比较慢，而各种实际应用又迫切地需求快速的多类行为识别方法。设计快速有效的多类行为识别算法仍是一个亟待解决的重要问题。

1.3　研究内容及创新点

　　针对目前行为识别研究存在的问题，结合各种实际应用对行为识别的任务需求，本书从四个方面开展了对行为识别的研究。这四项研究工作分别对应于如下四个行为识别问题。在训练样本极少的情况下，如何对特定行为进行识别与检测。在较复杂场景下，如何对特定行为进行有效识别。在较复杂场景下，如何对多类行为进行快速识别。在复杂场景下，如何对多类行为进行识别。对应于这四个研究目标，下面依次对本书的主要研究内容与主要创新点介绍如下。

1.3.1　主要研究内容

　　针对某些特定行为的数据样本较难收集，并要求快速地从大量数据中检测该特定行为的问题，研究如何使用极少的行为样本对特定行为进行快速的识别与检测，即研究如何利用单行为样本，快速地从目标视频中检测特定行为是否发生以及发生的时间与位置。该研究根据连续视频帧中人体兴趣点的匹配情况，来记录运动人体的运动信息与空间位置信息；继而用其近似表征人体各个部件的运动规律。据此，提出了一种基于霍夫参数空间的全局的行为表征方法和位移直方图序列表示法。为了提高行为的表征速度，该方法首先进行了运动区域的粗略估计；然后根据运动区域中连续多帧图像的兴趣点的匹配情况，使用位移直方图对行为运动信息进行表征；对行为进行表征之后，采用矩阵余弦相似度的度量方式对行为进行识别；而对于识别的行为，匹配的兴趣点又精确地定位了行为发生的时空位置。

　　研究如何在较复杂场景下，即行为主体可检测的情况下，对特定行为进行有效识别。人体执行行为的不同在于其运动规律的差异，该工作研究如何对人体的运动规律进行学习。对于不同的行为类型，人体各个部件的运动情况有所不同，如何记录人体各个部件的运动规律，成为有效区分行为的关键。通过观测发现，各类行为的运动规律可以从时间轴上人体各部件的形状变化中学习。据此，提出了一种在新视角下对人体行为进行时空特征学习的方法。该研究首先对行为人体进行检测跟踪，然后使用多限制玻尔兹曼机对人体各部位的时序形状特征进行时空特征编码；继而将各部位的时空特征整合为行为的全局时空特征表征；最后通过训练支持向量机分类器对行为进行识别。

　　针对目前大量行为识别算法对多类行为识别速度慢的问题，研究如何设计多类行为分类器快速地对多类行为进行识别，即研究如何利用现有的行为兴趣区域的特征表征，设计合理的特征组织结构及分类方法，来加快多类行为的识别速度。为实现该目标，本书提出了一种基于倒排索引表的快速的多类行为识别算法。该算法利用行人检测与跟踪算法来定位行为的兴趣区域，并使用形状运动特征对其进行表征；继而利用这些特征表征，以层级聚类的方式构建行为状态二叉树，快速地将人体行为表征为行为状态序列；然后，根据训练集中各类别的行为状态序列，构建了行为状态倒排索引表与行为状态转换倒排索引表；将测试行为表征为行为状态序列之后，通过查询两个倒排表，便可快速计算出对应于各行为类别的加权的分值向量并识别行为。

　　研究如何在复杂场景中，学习对混乱背景、遮挡和拍摄角度变换等因素较为鲁棒的局部时空特征。虽然局部特征对部分遮挡和复杂背景等因素不甚敏感，然而有针对性地对鲁棒稳定特征的学习却能提高对行为的识别效果。受到某些研究工作从静止图片中识别行为的启发，该工作研究如何利用从行为视频中学习的鲁棒的空间特征，对视频行为进行有效的时空表征。该工作将时间缓慢不变规则化约束、去噪准则引入独立子空间分析网络的训练过程，学习了一组时间缓慢不变的空间特征；然后通过对提取的空间特征在时间域与空间域上进行池化处理，得到了可有效识别行为的局

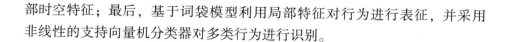

部时空特征；最后，基于词袋模型利用局部特征对行为进行表征，并采用非线性的支持向量机分类器对多类行为进行识别。

1.3.2 主要创新点

在行为样本较难收集情况下，解决了利用极少的行为样本，从大量视频数据中对特定行为进行识别与检测的问题。提出了一种新颖的基于霍夫参数空间的行为表征方法和位移直方图序列表示法。这种全局的行为表征方法解决了行为识别需要大量训练样本的问题，使得在训练样本极少，甚至只有一个样本的情况下，也可快速地对行为进行识别与检测。此外，该方法采用从粗到细的行为定位方式，有效地提高了行为的表征速度。该方法使用矩阵余弦相似度的度量方式来识别行为，加速了行为的识别速度。实验结果表明，在静态场景或背景均匀一致的情况下，该方法能够有效地对特定行为进行识别与检测。

在较复杂场景下，即行为人体可检测的情况下，解决了对特定行为有效识别的问题。提出了一种利用深度学习框架，从行为视频侧面对行为进行时空特征编码的方法。这种从人体各部位的形状特征序列中提取时空特征的方式，开辟行为特征提取的新视角。该方法通过人工设计特征与深度学习方法的结合，学习了更为抽象的有效的时空特征。大量的实验表明，在背景较为复杂的情况下，只要现有的行人检测和跟踪方法能够有效地检测行为主体，该方法学习的时空特征便能有效地对行为进行识别。

在较复杂场景下，解决了对多类行为的快速分类识别的问题。提出了一种基于倒排索引表的、快速的多类行为识别算法。该方法通过构建各行为类别共享的行为状态二叉树，快速地将视频行为表征为行为状态序列。对行为状态倒排索引表与行为状态转换倒排索引表的查询，也加快了计算行为状态序列对应于各行为类别的加权分值向量的速度。利用该分值向量，可以直接快速地识别多类行为。该方法减少了训练行为分类器，以及对多类行为进行分类识别的计算量。实验表明，该方法能够快速地对多类行为进行识别。

在复杂场景下，即行为主体不可检测的情况下，解决了对多类行为进行有效识别的问题。该方法通过将时间缓慢不变约束、稀疏约束、去噪准则引入独立子空间分析网络的学习过程，学习了一组鲁棒的空间特征。基于特征池化策略，提出了一种利用学习的空间特征对视频行为进行时空特征编码的方法。大量的行为识别的研究工作，验证了运动特征对行为识别的重要性，而该研究证实了空间特征对行为识别的有效性。大量的实验验证了学习的时空特征能够对多类行为进行有效识别。

1.4　本书的组织结构

　　针对目前行为识别的研究存在的问题，以及众多应用对行为识别的具体需求，本书对视频中人体行为的识别问题进行了研究。这些研究工作，依次解决了在训练样本极少情况下和较复杂场景下的特定行为识别问题，较复杂场景下多类行为的快速识别问题和复杂场景下多类行为的识别问题。本书解决的主要问题、各章节的组织结构及其对应关系如图 1-2 所示。本书章节内容的具体安排如下：

　　第 1 章介绍了人体行为识别的研究背景及意义、行为识别的研究现状及存在的问题、本书的主要研究内容、主要创新点和章节组织安排。

　　第 2 章提出了一种全局的行为表征方法和位移直方图序列表示法。首先描述了利用位移直方图序列来表征行为；然后介绍了使用矩阵余弦相似度的度量方式对行为进行识别，以及利用匹配的兴趣点精确定位行为发生的时空位置；最后，通过实验验证了所提行为识别与检测算法的有效性。该章解决了样本极少情况下，特定行为的识别与检测问题。

　　第 3 章提出了一种从时间维度上人体各部件的形状变化中，进行时空特征学习的方法。首先描述了如何使用多限制玻尔兹曼机对人体行为进行时空特征编码；然后介绍了使用训练的支持向量机分类器对行为进行识别；最后，通过实验验证了学习的时空特征的有效性。该章解决了较复杂场景下特定行为的识别问题。

　　第 4 章基于形状运动特征，提出了一种快速的多类行为分类算法。首先介绍了如何利用各行为类别共享的行为状态二叉树，将视频行为快速地表征为行为状态序列；然后，详细说明如何利用行为状态倒排索引表与行为状态转换倒排索引表，对多类行为进行识别；最后，通过实验验证了所提的快速的多类行为识别算法。该章解决了较复杂场景下，多类行为的快速识别问题。

第 5 章提出了一种利用学习的空间特征，提取行为视频的局部时空特征的方法。首先介绍了如何利用引入规则化约束的独立子空间分析网络，以及时间域与空间域的池化处理，提取行为的局部时空特征的方法；然后，描述了基于局部时空特征利用词袋模型对行为进行表征，并采用非线性的 SVM 分类器对多类行为进行识别的过程；最后通过大量实验验证了学习特征在行为识别方面的有效性。该章解决了复杂场景下的多类行为识别问题。

第 6 章对本书的主要研究成果进行总结。

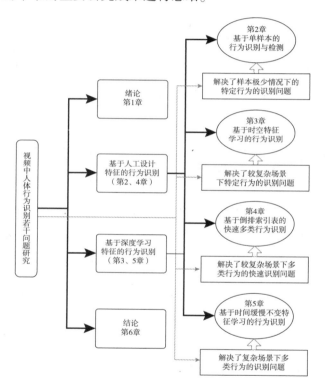

图 1-2　章节组织结构

第 2 章　基于单样本的行为识别与检测

　　本章针对在视频检索中，当待检测行为的样本非常少且较难收集的情况下，要求快速地从监控视频中检测某种行为的问题，提出了一种基于单样本对视频行为进行识别与检测的方法。给定一段短小的行为视频样本，所提方法能快速地做出该类行为是否在目标视频中发生的判定；对于识别的行为，所提方法将精确定位行为发生的时间与空间位置。受实际问题驱动，利用运动区域匹配的兴趣点在霍夫参数空间中的投票信息，本章提出了一种被称为位移直方图序列的快速的行为表征方法。为了快速地判定待检测行为是否发生，矩阵余弦相似度的度量方法被用来识别行为。实验表明，在静态场景或背景均匀一致的情况下，所提方法能够快速有效地对视频行为进行识别与检测。

2.1　相关研究及问题形成

　　从视频中检测与识别人体行为，是一项非常实用且富有挑战性的工作。人体行为是由人类个体执行的具有一定规律的运动模式，也可以看成是视频中的时空目标。行为识别与检测的目标则是：识别视频中发生了哪种类别的行为，并确定行为在什么地方什么时刻发生，即识别行为的类别，并检测行为发生的空间位置与时间位置。对行为模式在视频中进行搜索检测是一项计算复杂度非常高的任务，而且该任务非常具有挑战性。

　　对于从三维视频中识别检测行为，一种直观的解决方式便是：将二维图像中有效的目标检测方法（Lampert，2008；Gall，2009）扩展到三维视频中用于时空目标检测。虽然，此类方法能够对视频中的人类行为进行识别检测，但是也存在一些问题。在三维视频空间中，这些方法的时间复杂度增加，计算数据量呈指数增长。采用这种方式对行为进行识别与检测，无法满足视频处理的时效需求。此外，这类方法一般都需要大量的样本来训练行为识别与检测模型。然而，鉴于各种原因，某些行为类别采集到的行为样本的数量却非常少。因此，这种直接将目标检测扩展到行为识别与检测中的方法，还存在许多问题未能解决。

目前，已有大量关于行为识别与检测的研究成果。根据这些方法对训练样本数量的需求，现有的行为检测方法大致可以分为两类：一类方法根据大量的训练样本来训练行为检测模型，而另一类方法则利用少量样本甚至一个样本进行行为识别与检测。第一类方法的研究成果比较多，如行为检测方法（Yu，2011；Yuan，2011；Laptev，2007）均基于大量的训练样本进行行为检测。文献（Yu，2011）使用局部时空兴趣点刻画行为，并利用大量训练样本构建的随机森林去检索匹配时空兴趣点。该方法根据时空兴趣点的匹配与投票结果，通过对行为时空区域的搜索来定位行为。文献（Yuan，2011；Laptev，2007）分别利用大量的正样本与负样本训练行为检测模型，在无控制的复杂视频场景中获得较好的行为检测效果。然而，这些方法都存在共同的问题，算法时间复杂度比较高非常耗时，而且在训练样本不足的情况下，这些方法的行为识别效果则会比较差甚至失效。

第二类方法基于少量样本或一个查询样本进行行为检测，其研究成果相对比较少，如算法（Derpanis，2010；Seo，2011；Ke，2007）。文献（Seo，2011）提出了一种将某行为类别的一个样本实例作为查询样本，从目标视频中匹配相似行为的行为检测方法。该方法首先利用一种时空显著性检测方法（Seo，2009）对待检测视频进行预处理；然后，根据预处理的结果进行行为匹配。该方法获得了较好的行为检测效果，但是算法的时间复杂度非常高，无法用于实际应用。算法（Derpanis，2010；Ke，2007）分别利用一个查询样本，实现了对目标视频中的特定行为的识别与检测。但是，这些行为检测方法也比较耗时。这种利用一个查询样本进行行为识别与检测的方法，从根源上存在一个无法解决的问题，即此类方法无法解决行为的类内形变或差异问题。但是，基于少量样本或单样本进行行为检测的方法，仍有其存在的必要性，亦有其特定的应用场景。

这两类行为识别检测方法都需要对行为进行表征，在行为表达方面已有许多研究工作。目前有大量的研究利用形状特征、光流特征、兴趣点特征和视频块特征来表征行为。基于形状的行为表征方法通常使用轮廓特征去刻画行为，例如文献（Ikizler Cinbis，2009）利用关键姿态的轮廓信息来识别行为。文献（Little，1998；Ali，2010）利用表征人体运动的光流特征来识别行为。基于时空兴趣点的研究方法获得了广泛关注，文献（Niebles，2008；Niebles，2007）通过提取视频行为的时空兴趣点，将行为表示为直方图向量；然后使用概率潜在语义分析模型定位和分类人体行为。文献（Yu，2011；Yuan，2011）使用 Laptev（2008）提出的时空兴趣点描述行为，然后利用扩展的朴素贝叶斯最近邻分类方法（Boiman，2008）识别行为。该算法通过改进快速的用于目标检测的分支界限法（Lampert，2008），来提升行为的检测速度，并获得了良好的行为检测效果。但是在训练样本较少的情况下，该算法不能有效地工作。文献（Shechtman，2007）提出了一种基于时空行为关联的方法来检测行为。该方法通过视频子区域匹配的方法来寻找运动相似的时空区域，但是其计算复杂度比较高。

综上所述，现有的行为识别与检测研究主要存在以下两个问题。第一，大量算法的计算复杂度比较高，其行为检测过程比较耗时。第二，大部分算法需要大量训练样本训练行为识别或检测模型；在样本不充足的情况下，这些方法效果明显下降，甚至失效。利用单样本对视频行为进行识别与检测则更为困难。在只有一个行为视频样本的情况下，训练需要的正负样本无法收集，行为分类器的训练无法进行。其次，受背景、拍摄视角、行为执行者的着装和运动速度等影响，人体行为通常体现出较多的类内视觉差异，而基于单行为样本的行为识别与检测则无法考虑同类行为的不同差异。现有的基于单样本的研究工作比较少，而且一般又采用了复杂的特征提取与匹配算法（Seo，2011）。在实际应用中，行为的识别与检测一般都要求快速响应，因此，行为识别检测算法的计算复杂度越低越好。

针对前面提到的诸多挑战及存在的问题，本章提出了一种新颖的行为表征及检测算法来解决这些问题。首先，对所提算法进行了简要概述之后，详细地介绍了一种新颖的行为表征方法，位移直方图序列表示法；然后，详细描述了如何使用矩阵余弦相似度匹配位移直方图序列；最后，根据行为表征阶段匹配的兴趣点对应的位置信息，精确地对识别的行为进行定位。该方法计算复杂度较低，而且只需要一个查询样本就可以有效地检测行为。

2.2 方法概述

本章提出了一种有效的行为表征及检测方法。该算法的框架结构如图 2-1所示。在该框架图中，对于行为视频的查询样本，首先，该方法通过一个帧长为 T 的滑动窗口，将视频分割为许多时间长度为 T 的视频段，并对视频段中的每一帧图像进行兴趣点检测。本书中选用的兴趣点为 Harris 角点，并提取了兴趣点周围的梯度方向直方图信息作为兴趣点的特征描述。然后，通过线性变换建立了一个霍夫参数空间，即位移空间。这个空间由许多单元格组成，这些单元格的尺寸是通过实验设置的。对每个分割后的视频段，我们用第一帧中检测到的兴趣点与其他帧中的兴趣点进行匹配。计算那些匹配上的兴趣点对的位移信息，并据此将这些点对映射到位移空间的单元格内。统计位移空间中每个单元格中兴趣点对的数目，便得到了一个二维的位移直方图。按照这种方式，一个帧长为 t 的查询视频，被帧长为 T 的滑动窗口分割为 $t-T+1$ 个视频段。提取每个视频段的位移直方图，查询视频将被表征为一个有序的位移直方图序列。

对于目标视频，首先，对其运动区域进行粗略估计之后，将视频中的运动区域分割为许多与查询视频尺寸相同的视频剪辑，并使用同样的方法将每个视频剪辑表征为二维的位移直方图序列。然后，利用矩阵余弦相似度的度量方法，计算查询视频与视频剪辑的位移直方图序列表征的相似度，并以此为依据在待检测视频中识别与查询视频类别相同的行为。最后，对于识别的行为，利用匹配的兴趣点的位置信息，精确定位行为的时空位置。

本章所提算法对行为识别与检测的贡献是多方面的。首先，不同于传统的行为检测算法，该方法不需要大量的正负训练样本，基于一个查询行为的视频样本，即可从待检测视频中检测该类行为。其次，本章创造性地提出了二维位移直方图序列的行为表征方法，该行为表征方法能够有效识别并检测行为。最后，所提方法计算效率比较高，能够快速有效地对行为进行识别与检测。此外，该方法亦能够从目标视频中检测多个查询行为的行为实例。

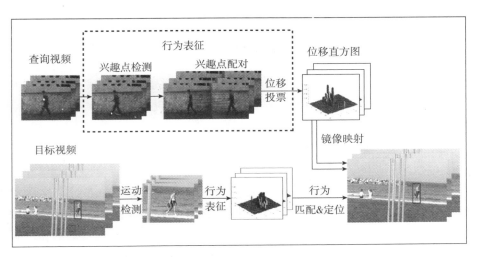

图 2-1　算法框架

2.3　基于霍夫空间投票的行为表征

人体执行行为时，身体的各个部件会进行一些有规律的运动。对于特定的行为，随着身体各部件的运动，行为视频连续帧中人体各对应部件的位移信息，将按照一定的规律进行分布。从身体各部件中提取的兴趣点的匹配近似地表达了身体各部件的对应。这些兴趣点的匹配信息在一定程度上刻画了行为人体的运动规律。基于霍夫变换的概念，利用线性霍夫变换构建了一个位移空间，利用匹配的兴趣点对在位移空间的投票信息，便可以表征行为。该方法首先通过滑动窗口的方式，将帧长为 t 的行为视频分割为多个帧长为 T 的剪辑视频。然后，分别将每个剪辑视频表示为二维位移直方图 d_i。继而，将整个视频行为表征为位移直方图序列 $D = (d_1, \cdots, d_i, \cdots, d_1 d_{t-T+1})$，其中，$d_i \in \mathbb{R}^{n \times n}$。

本节详细描述如何将帧长为 T 的剪辑视频表征为二维位移直方图 d_i。所提方法利用运动人体各身体部件的近似匹配信息，即兴趣点的匹配信息，在位移空间的投票数据来表征行为。对于一个帧长为 T 的剪辑视频，该方法首先对各视频帧图像进行兴趣点提取；并将从剪辑视频的第一帧中提取的兴趣点与其他各帧的兴趣点进行匹配；然后，根据兴趣点的匹配信息，将匹配兴趣点对的位移变化投票到位移空间中；最后统计位移空间中各单元格的数据信息，对其归一化处理，并使用得到的位移直方图来表征该剪辑视频。下面按照兴趣点提取、兴趣点匹配、匹配点对投票和位移直方图规律化四个步骤，对行为的表征过程进行详细的描述。

2.3.1 兴趣点提取

对于视频中的人体行为，视频每一帧的重要信息都集中在行为执行者身上，选用的兴趣点检测方法必须保证能够从行为执行者身上提取足够多的兴趣点。相较于背景信息，行为执行者身体上存在明显的边缘轮廓，而且限于快速提取兴趣点的要求，Harris 角点是诸多兴趣点中较好的一个选择。在实验中，我们尝试着使用较为复杂且在各种应用中取得比较好效果的 SIFT 特征点作为兴趣点。然而，相比于 Harris 角点，从人体的各身体部件中只检测到少量的 SIFT 特征点，这直接影响了后续工作的进行。

Harris 角点与 SIFT 特征点的提取情况如图 2-2 所示。图中最左侧的两帧图像均取自行走行为的视频。中间两幅图像中的星点标记了提取的 Harris 角点，从图中可以看出，许多角点取自行为执行者的身体，并且大多位于人体的边缘部位。最右侧的两幅图像中，加号标记了提取的 SIFT 特征点，从图中可以看到大量的 SIFT 特征点取自背景区域。相比于 Harris 角点，从人体上提取的 SIFT 特征点的数量非常少。而且，这些点大都没有分布在人类身体的边缘部位。众所周知，基于投票的工作需要大量投票信息，在这项工作中能够从人体上提取足够的有效兴趣点非常重要。

此外，人体在执行运动时，身体相应地会产生一些非刚体形变。由于 SIFT 特征点提取的信息较为精确，这导致了从身体的同一部位提取的 SIFT 特征点不能有效地进行匹配。而且，SIFT 特征点的提取相比于 Harris 角点比较费时。所以，该方法选择 Harris 角点作为兴趣点。假定从剪辑视频中第 i 帧图像中提取的 Harris 角点集记为 P_i，那么，

$$P_i = \{ P_{ij} \in \mathrm{R}^2 \}, i = 1, 2, \cdots, T, j > 0$$

其中，P_{ij} 是角点集合 P_i 中的第 j 个 Harris 兴趣点。$P_{ij} = (x_{ij}, y_{ij})$ 是提取的 Harris 兴趣点在图像中的坐标位置。

原图像　　　　　　　　Harris角点　　　　　　　SIFT特征点

图 2-2　从视频图像中提取的 Harris 角点与 SIFT 特征点的分布情况比较

2.3.2　兴趣点匹配

　　执行动作时人身体的各部位会产生一些非刚体形变，非常精确的特征描述会导致身体同一位置的兴趣点在发生形变后不能匹配。相反，一些非常粗略的特征描述可能会导致错误匹配。兴趣点的特征描述的选择需要权衡。非常幸运的是，通过大量的特征测试发现，梯度方向直方图（HOG）特征可以有效地匹配那些存在一定程度内形变的兴趣点对。不可避免地，这种特征描述也会匹配那些不属于人体同一部位的兴趣点对。为了减少并排除这种错误的匹配，该方法严格限制那些匹配的兴趣点对的相对距离。

　　在图 2-3 中，比较了基于不同的特征描述的不同兴趣点对的匹配情况。基于 HOG 特征描述的 Harris 角点的匹配情况，与基于 SIFT 特征描述的 SIFT 特征点对的匹配效果如图 2-3 所示。图 2-3（a）中的星号点表示检测到的 Harris 角点，在最右边的图像中，线条连接了两帧图像中匹配上的 Harris 兴趣点。从该组图像中，可以看到从人体各个部位提取的许多 Harris 兴趣点都得到了正确的匹配。在图 2-3（b）中的加号表示提取的 SIFT 特征点，在最右侧的图像中，线条连接了匹配成功的 SIFT 特征点。该组图像显示：人体运动产生的形变导致了许多 SIFT 兴趣点没有成功匹配。而且，成功匹配的大部分 SIFT 特征点对都位于图像背景中，运动人体的各部位几乎没有兴趣点匹配成功。

（a）基于HOG特征的Harris兴趣点匹配

（a）基于SIFT特征的SIFT兴趣点匹配

图2-3　不同兴趣点的匹配效果比较

综上所述，为了成功匹配两帧图像中的 Harris 兴趣点，所提方法按照如下步骤对兴趣点进行特征描述。首先，以检测到的兴趣点为中心，选择一个窗口尺寸为 $w×w$ 的图像区域。在实验中，设置 $w=9$，并提取该图像区域的 HOG（Dalal，2005）特征。然后，在一定的距离 δ 范围内，为每个兴趣点从其他帧中选择与其满足如下配对约束的兴趣点，

$$(p_{1j}, \ p_{il}) = \min_{p_{ik} \in P_i} S(p_{1j}, \ p_{ik}), \ for \ i = 2, \ \cdots, \ T \qquad (2-1)$$

其中，$|x_{1j}-x_{ik}|<\delta$，$|y_{1j}-y_{ik}|<\delta$，$S(p_1,p_{ik})$ 为相似性度量函数，在本章中将其定义为欧氏距离。p_1，p_{ik} 是剪辑视频中一组成功匹配的兴趣点对，其中 p_{1j} 是从该剪辑视频第一帧图像中检测到的第 j 个 Harris 兴趣点，p_{il} 是从第 i 帧图像中检测到的第 l 个兴趣点。当执行某种动作时，在连续的 T 帧图像中，人体各部位的位移是在一定范围内变动的。因此，只需在检测到的兴趣点的一定邻域内进行兴趣点匹配。因为只有一个查询样本，无法对任何参数进行训练学习，因此，邻域参数 δ 的取值是通过实验测试设置的。

2.3.3　匹配点对投票

通过兴趣点的匹配，获得了匹配点对集 $M = \{ (p_{1j}, p_{ik}), i=2, \cdots, T \}$。为了利用匹配的兴趣点对的信息来刻画行为，下面利用匹配点对的位移变化

数值（$x_{1j}-x_{il}$，$y_{1j}-y_{il}$）在位移空间（Δx，Δy）中进行投票。统计位移空间中每个单元格中兴趣点对的投票数据，并丢弃单元格（0，0）中的投票数据，便得到了一个二维的直方图表征。众所周知，Harris 兴趣点对背景中的干扰信息非常敏感。在摄像头固定的情况下，尽管该方法从复杂的背景中提取了很多角点，但是成功匹配的背景中的兴趣点对没有位置移动，这些点对都将对位移空间的单元格（0，0）进行投票。丢弃位移空间单元格（0，0）中的数据就去掉了复杂背景对行为数据的影响。所以，在静态场景下，这种直方图的表征方法不受复杂环境的影响。

在位移空间（Δx，Δy）中，设置一个二维的网格，每个单元格的尺寸为 $N \times N$ 个像素。单元格的尺寸参数 N 是人为设定的。在本章的行为检测的实验中，位移空间的网格尺寸被设置为 20×20。如此，位移空间的投票信息就被网格中各单元格的数据所表征，网格中的数据被表示为一个二维的位移直方图。

2.3.4　位移直方图归一化

由于各个剪辑视频中检测以及匹配上的兴趣点的数目是不确定的，因此有必要使用 L_1 范数对二维位移直方图进行归一化。归一化的位移直方图才能有效地表征剪辑视频中人体行为的运动规律。对位移直方图 d' 进行处理，归一化的位移直方图记为 d，其归一化公式如下所示：

$$d_{ij} = \frac{d'_{ij}}{\sum\limits_{k=1}^{n} \sum\limits_{l=1}^{n} d'_{kl}} \tag{2-2}$$

其中，$\sum\limits_{k=1}^{n} \sum\limits_{l=1}^{n} d'_{kl}$ 是位移直方图 d' 的 L_1 范数，为简单起见，在本章的后续部分，归一化的位移直方图简称为位移直方图。

2.4　基于运动估计的行为检测

对行为的一个查询视频，利用一个帧长为 T 的滑动窗口，将其分割为若干个有序的帧长为 T 的剪辑视频。按照前面的方法将每个剪辑视频表示为一个位移直方图。如此，查询视频被表征为一个位移直方图序列。在实际应用或相应的公用数据库中，查询视频一般比较短小，且主要包含查询行为的信息，因此无须对其进行任何预处理。为了减弱混杂态背景对兴趣点检测、兴趣点匹配和兴趣点投票的影响，基于单样本的行为检测方法一般都选用固定摄像头拍摄的数据作为查询视频，所提方法亦是如此。

正常情况下，查询视频的尺寸明显小于目标视频，在实际应用中也只有这样才合理。由于周期性行为与非周期性行为的执行方式有所不同，所提行为检测方法分别对其进行处理。对于非周期性行为，所提方法利用运动估计将目标视频 TV 分割为与查询视频尺寸一样的子视频片段。对于周期性行为，分割后的子视频片段的空间尺寸与查询视频一样，帧长被设置为 $g+T-1$（g 根据经验进行设置）。最后，便可将分割后的子视频片段表征为位移直方图序列。对于周期性行为，其位移直方图序列的长度为 g。

2.4.1　运动区域估计

检测目标视频中所有区域的 Harris 兴趣点，提取兴趣点的 HOG 特征，以及将匹配的所有兴趣点对的位移信息都投票到位移空间中，对整个目标视频来说非常耗时。而且，如此对行为进行表征，也是完全没有必要的。在目标视频中，为了提高行为的检测速度，快速的运动估计方法，帧差法（Tekalpam，1995），被用来检测运动区域。本章设定了两个阈值来过滤运动区域，以保证执行行为的人体存在于一个合理的运动区域内。这两个阈值根据实验场景等情况来设定。对过滤得到的每个运动区域，该方法基本可以保证该区域包含一个运动人体。

假定查询视频的尺寸为 $w \times h \times t_0$，对于非周期性行为，目标视频的运动区域被分割为尺寸为 $w \times h \times t_0$ 的子视频片段；对于周期性行为，目标视频的运动区域被分割为空间尺寸为 $w \times h$、帧长为 $g+T-1$ 的子视频片段，其中 $t_0 > g+T-1$。

2.4.2　行为匹配

对于查询视频的一个位移直方图 d_Q 与目标视频的子视频片段的一个位移直方图 d_{TV}，矩阵余弦相似度（MCS）被用来计算二者之间的相似度。在文献（Seo，2011；Shechtman，2007；Fu，2008）中，矩阵余弦相似度展现了基于关联相似性的度量方法在识别方面的有效性。位移直方图 d_Q 与 d_{TV} 的矩阵余弦相似度被定义为两个规范化矩阵的 Frobenius 内积，其计算公式如下所示：

$$\Phi(d_Q,d_{TV})=<\overline{d_Q},\overline{d_{TV}}>_F=trace\left(\frac{d_Q^T d_{TV}}{\parallel d_Q\parallel_F\parallel d_{TV}\parallel_F}\right)\in[-1,1] \quad (2-3)$$

其中，$\overline{d_Q}=\dfrac{d_Q}{\parallel d_Q\parallel_F}$，$\overline{d_{TV}}=\dfrac{d_{TV}}{\parallel d_{TV}\parallel_F}$。若将矩阵表示成列向量形式，即 $d_Q=(d_Q^1,d_Q^2,\cdots,d_Q^n)$，$d_{TV}=(d_{TV}^1,d_{TV}^2,\cdots,d_{TV}^n)$，鉴于两个向量的余弦相似度为 $\Phi(d_Q^l,d_{TV}^l)=\dfrac{(d_Q^l)^T d_{TV}^l}{\parallel d_Q^l\parallel_F\parallel d_{TV}^l\parallel_F}$，那么两个位移直方图的矩阵余弦相似度，可以改写为加权的向量余弦相似度之和：

$$\Phi(d_Q,d_{TV})=\sum_{l=1}^n\frac{(d_Q^l)^T d_{TV}^l}{\parallel d_Q\parallel_F\parallel d_{TV}\parallel_F}=\sum_{l=1}^n\Phi(d_Q^l,d_{TV}^l)\frac{\parallel d_Q^l\parallel\parallel d_{TV}^l\parallel}{\parallel d_Q\parallel_F\parallel d_{TV}\parallel_F}$$

$$(2-4)$$

假定查询视频的帧长为 t_0，通过滑动窗口的方法将该视频分割为有序的剪辑视频序列。将每个剪辑视频表示为位移直方图，则查询行为视频则被表示为位移直方图序列 D_Q，且该直方图序列的长度为 t_0-T+1。如前文所描述的，利用运动区域检测的方法从目标视频中截取了一些包含人体运动的子视频片段。对于周期性行为检测，截取的子视频片段的时长为 $g+T-1$ 帧，该子视频片段被表征为长度为 g 的位移直方图序列 D_{TV}。对于非周期性行为检测，目标视频中的运动区域子视频片段被表示为长度为 t_0-T+1 的位移直方图序列，该位移直方图序列的长度与查询行为视频的位移直方图序列表征的长度相同。

根据位移直方图序列的特征表征，来判断运动区域子视频段中是否包含了与查询行为类别相同的行为。基于矩阵余弦相似度的度量方法，计算目标视频中的运动区域子视频片段 TV_k 与查询行为视频 Q 的相似度 $S(TV_k,Q)$。

对于周期性行为，其相似性计算公式为：

$$S(TV_k,Q)=\min_i\sum_{j=1}^g\Phi[D_{TV_k}(j),D_Q(i+j)],(0\leqslant i\leqslant t_0-T-g) \quad (2-5)$$

对于非周期性行为，其相似性计算公式为：

$$S(TV_k,Q)=\sum_{i=1}^{t_0-T+1}\Phi[D_{TV_k}(i)D_Q(i)] \quad (2-6)$$

其中，$D_{TV_k}(i)$ 是位移直方图序列 D_{TV_k} 的第 i 个位移直方图，$D_Q(i)$ 同理。

基于计算得到的相似度，定义了判别函数 $f(TV_k,Q)$。该函数能够判定目标视频分割产生了哪些子视频片段，包含了与查询行为类别相同的行为。该判别函数公式如下：

$$f(TV_k,Q)=\begin{cases} 1, S(TV_k,Q)>\tau \\ 0, S(TV_k,Q)\leq\tau \end{cases} \tag{2-7}$$

如果 $f(TV_k, Q=1)$，就表示两个位移直方图序列的相似度 $S(TV_k, Q)$ 大于阈值 τ，也就可以认为子视频片段 TV_k 中包含与查询行为 Q 类别相同的行为。否则，则认为子视频片段 TV_k 中不包含与查询行为 Q 类别相同的行为。对每类行为，只提供了一个查询行为的视频样本去检测该类行为。因此，阈值 τ 无法通过训练样本使用有监督的方法进行学习。在本章的实验中，阈值 τ 是通过经验进行设置的。

2.4.3 行为定位

通过对查询行为进行实例匹配，检测到了包含查询行为实例的运动区域子视频片段。然后，需要更精确地对子视频片段中的查询行为实例进行定位。在行为表征阶段，所提方法对连续视频图像帧中的 Harris 角点进行了配对。而且，将第一帧图像与第 i 帧图像中成功匹配的兴趣点对集记为了 $\{(p_{1j},p_{il})\}$。如果匹配成功的两个兴趣点不在相应视频帧的同一位置，则可以认为兴趣点所代表的人体部件在这两帧图像中存在运动，运动区域子视频片段中的这类点对有助于行为的精确定位。将这种兴趣点对中属于第 i 帧图像的点记为 $\{p_{ij}\}$。根据实验观测发现，该类兴趣点大多位于运动人体的边缘部位，如此，便可以确定运动人体在子视频片段中第 i 帧图像中的精确位置：

$$p_a=\frac{1}{m}\sum_{j=1}^{m}p_{ij} \tag{2-8}$$

其中，m 是点集 $\{p_{ij}\}$ 中兴趣点的数目。

基于子视频片段中检测并匹配的兴趣点信息，使用类似于文献（Gall，2009）中使用的目标检测方法，可以确定运动人体在子视频片段每帧图片中的精确位置。如此，便可确定目标视频中与查询行为类别相同的行为的运动人体的精确位置。检测到的行为的精确位置通过一个边界框序列来表示。

每个边界框的尺寸是固定的，为 $W×H$。

2.5　实验

本书提出了一种行为表征方法，并基于该行为表征方法进行了行为识别与检测。在该部分，首先，通过实验验证了所提的位移直方图序列行为表征方法的有效性；然后，分别展示了所提行为识别检测方法，在单实例行为检测和多实例行为检测、行为分类识别中的识别与检测效果；最后，对所提方法的时间复杂度进行了分析。

2.5.1　行为表征的有效性

通过对前人工作的查询发现，可以认为所提方法，首次使用匹配兴趣点对投票产生的位移直方图序列来刻画行为，这是一项新工作。本节通过实验来验证这种行为表征方法的有效性。首先，从一个简单的 Weizmann 行为数据库中选择四个行为视频样本。这四个行为分别为行为"bend"（弯腰）、行为"jack"（跳）、行为"walk"（走）和行为"run"（跑）。对这四种行为的每一个视频，取其连续的 T 帧图像作为一个剪辑视频，计算其位移直方图。在该项实验中，T 被设置为 8。

在图 2-4 中，分别展示了行为"bend"、行为"jack"、行为"walk"和行为"run"的连续的 8 帧图像。这四种行为的剪辑视频的位移直方图如图 2-5 所示。图 2-5（a）展示的是"bend"行为的一个位移直方图，该图对应于如图 2-4 第一行所示的视频图像。图中，执行行为的人体的头部，从第一帧图像开始，依次向右向下移动。而位移直方图中的数据恰恰显示了这种运动。图 2-5（b）、图 2-5（c）、图 2-5（d）分别展示了"jack""walk""run"这三种行为的位移直方图。位移直方图中的数据，也恰恰刻画了图 2-4 的第二行至第四行图像序列中运动人体的运动模式。行为"run"相比于行为"walk"，运动人体的移动速度较快，图 2-5（c）与图 2-5（d）中的数据体现了这两种行为的不同。

图 2-4　四种行为的视频剪辑

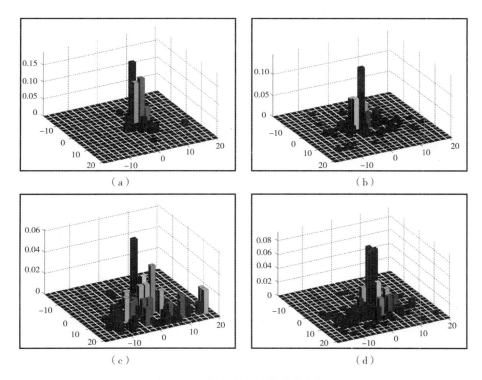

图 2-5　四种行为的位移直方图

从图 2-5 中可以看出，位移直方图可区分性地表征了行为的运动模式。图 2-4 与图 2-5 分别对应地显示了四种行为的运动情况与位移直方图表征。

通过对比可以发现，"bend"和"jack"与其他两种行为的运动模式明显不同，位移直方图也体现了它们各自的特性。尽管行为"walk"与"run"在人体姿态的表象上看起来非常相似，但是本章提出的方法依然可以从它们不同的运动速度上将二者区分开来。通过对不同行为模式的位移直方图的对比展示，可以得出结论，行为的位移直方图序列的表示方法能够有区分性地表征各种行为模式。

在本章的各个实验中，由于不同的数据库中的行为视频的分辨率不同，位移直方图的单元格的像素尺寸是根据实验来设置的。在位移空间中，网格的单元格的尺寸被设置为 $N×N$ 个像素。在该节的四种行为的位移直方图的对比展示实验中，网格的单元格的尺寸被设置为 $N=3$。

2.5.2　单实例行为检测

本小节通过一个通用的行为检测数据库（Shechtman，2007）（The General Action Data Set），执行单行为实例检测实验来验证本章所提算法的有效性。该单行为实例检测实验，使用了通用行为检测数据库中的两个查询视频和三个目标视频。其中一个查询视频包含了一段短小向左行走的行为，该视频是利用固定摄像头拍摄的，且行走行为是在静态背景下进行的。这段视频帧长为 20，分辨率为 75×111。与该查询视频对应的目标视频是两个包含行人走动的沙滩场景的视频。场景一的视频的长度为 118 帧，场景二的视频长度为 97 帧，二者的分辨率都是 180×360。另一个查询视频包含了一个男性舞者旋转的动作，视频长度为 13 帧，分辨率为 114×92。该查询视频对应的目标视频是一个女性舞者跳芭蕾舞的情景，目标视频长度为 250帧，分辨率是 144×192。

图 2-6 展示了进行单行为实例检测实验的视频数据信息，图 2-6（a）是行走行为的查询视频，图 2-6（b）、图 2-6（c）是该行走行为的查询视频对应的目标视频沙滩场景一与沙滩场景二。（d）是芭蕾舞旋转行为的一个查询视频，（e）是其对应的目标视频芭蕾舞舞蹈视频，该视频中包含一个旋转行为的实例。从图 2-6（a）中可以看到，该查询行为在视频图像中从右向左移动，但是在图 2-6（b）沙滩场景一中，视频中的行走行为实例是从左向右进行的。为了使用该查询视频成功地检测到不同运动方向的相同行为模式，该方法不仅使用查询视频进行行为检测，还使用了查询视频

的水平镜像作为查询视频去检测行为。在实际检测过程中，则直接使用查询行为的位移直方图序列，和该位移直方图序列的水平镜像去检测行为。

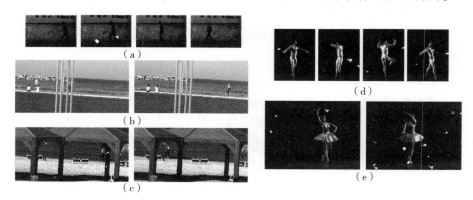

图 2-6　单实例行为检测实验的视频数据展示

在对沙滩场景的行走行为进行检测的实验中，行走行为的查询视频的帧长为 $t_0 = 20$。行走行为是一个周期性行为，而且查询视频包含了足够的行走运动周期。根据前文对所提算法的详细描述，行走行为对应的目标视频被分割为尺寸为 $75 \times 111 \times (g+T-1)$ 的子视频片段。对沙滩场景一与场景二，设置参数 $T=8$。然后，将子视频片段表示为位移直方图序列。使用行为匹配式（2-5）与式（2-7）来判断子视频片段中是否包含了与查询行为视频类别相同的行为实例。如果视频片段中包含该类行为，就使用前文介绍的行为精确定位的方法对行为进行逐帧定位。对沙滩场景一与场景二进行行为检测的实验结果如图 2-7 所示。在该项实验中，设置参数 $\delta = 25$，$\tau = 0.62$。

对于芭蕾舞场景的行为检测，查询视频包含了一个旋转行为，这是一个非周期性行为。与周期性行为相比，非周期性行为的处理比较耗时。正如前文所介绍的，首先，将目标视频以部分重叠的方式分割为尺寸为 $144 \times 192 \times 13$ 的子视频片段。然后以尺寸为 $144 \times 192 \times T$ 的滑动窗口将子视频段分割为剪辑视频，并将每个剪辑表征为位移直方图。那么，每个子视频片段就被表示为长度为（$13-T+1$）的位移直方图序列。通过与查询视频的位移直方图序列的比较，就可以确定子视频片段中是否包含与查询行为类别相同的行为模式。如果包含与查询行为类别相同的行为实例，则逐帧定位行为实例的位置。芭蕾舞视频中的旋转行为的定位结果如图 2-7 所示。在该实验中，我们设置参数 $\delta = 30$，$\tau = 3.9$。

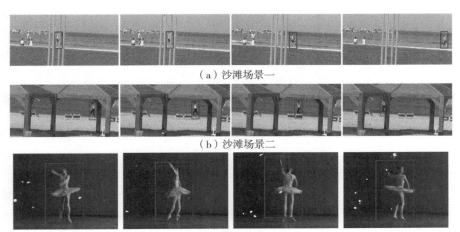

（a）沙滩场景一

（b）沙滩场景二

（c）芭蕾舞场景

图 2-7　单实例行为检测结果展示

　　图 2-7 展示了单实例行为检测实验中部分行为检测与定位的结果。图 2-7（a）展示了在沙滩场景一中的三个正确的行为人体检测定位图像帧和一个误检测定位图像帧。从这四幅图像中可以看到，该场景中共有四个人。两位坐在沙滩上的女性和一位站立的男性，以及一位穿过四根圆柱，从视频图像的左侧向右侧走去的男性。根据查询视频，所提行为检测算法从该场景中检测到一个行走行为的实例。那两位坐着的女性与站立的男性，并未走动，因此未从他们所在的位置检测到行走行为。在行为检测的实验中，所提算法能够从大部分行为视频中成功检测到行为，并正确定位执行行走行为的人体。但是在存在遮挡的情况下，行走人体的定位出现了一些偏差。图 2-7（a）的第二幅图像即是一个对行为人体误定位的图像帧，该误定位是由遮挡引起的。

　　图 2-7（b）显示了在存在更多遮挡的沙滩场景二中的行为检测与定位结果。从这些图像中可以看出，所提算法能准确检测到不存在遮挡与只有少部分遮挡的行为。如果执行行为的人体全部被遮挡，所提算法则不能进行行为检测。图 2-7（c）展示了对一个女性舞者的芭蕾舞旋转行为的部分检测与定位结果。尽管女性舞者的旋转动作与查询行为视频中的男性舞者的旋转有些许差异，所提行为检测算法仍然把旋转行为从一系列芭蕾舞动作中准确地识别了出来。

　　为了在单实例行为检测实验中验证所提算法的有效性，将包含与查询行为类别相同的行为模式的子视频片段作为基准（Ground Truth）。按照前文描述的方法，如果一个子视频段被识别为是查询行为的一个行为实例，而且该视频中 2/3 的视频帧都属于基准（Ground Truth）视频；那么该子视频片段被认为是正确检测的行为实例（Truth Positive），而其他的检测结果均为检测错误的行为实例（False Positive）。设置行为判别函数（2-7）中的参数 τ，在不存在误检的情况下，定义平均检测率＝正确检测的行为实例/基准行为子视频段的数目。表格 2-1 展示了单实例行为检测的平均检测率。

表 2-1　单实例行为检测的平均检测率

平均检测率	芭蕾舞场景一	沙滩场景一	沙滩场景二
所提方法	0.66	1	1

2.5.3　多实例行为检测

本小节展示了多实例行为检测实验的检测结果。用于多实例行为检测的算法与单实例行为检测的算法基本上是相同的。唯一的不同在于，在粗略运动估计阶段，单实例行为检测只需获取目标视频中最显著的一个运动团块，而多实例行为检测需要获取所有的运动团块区域。当然，多实例行为检测与精确定位的算法相比单实例行为检测与定位较为费时。多实例行为检测是单实例行为检测的扩展。

用于多实例行为检测的视频数据，与单实例行为数据一样，都源自通用行为数据库（Shechtman，2007）（The General Action Data Set）。该实验的查询行为视频，与单实例行为检测实验中用到的查询视频相同。使用的目标视频分别是沙滩场景三与芭蕾舞场景二两段视频。沙滩场景三的视频在一段时间内有一个人或多个人在沙滩上行走，该视频总帧长为 241 帧，分辨率为 180×360。芭蕾舞场景二是两个芭蕾舞者在舞台上跳舞的视频，帧长为 516 帧，分辨率为 144×192。

在单实例行为检测实验中，已经详细描述了对行走与芭蕾舞旋转行为的查询视频的处理过程。在多实例行为检测实验中，对目标视频的大部分处理流程与前者相同。首先，粗略地定位运动区域。与前者不同的是，该实验的目标视频中一般包含多个运动区域。然后，根据定位结果将运动区域分割为多个子视频片段，并计算每个子视频段的位移直方图序列表征。

最后，将这些行为表征与查询视频的行为表征进行比较，并判断子视频段中是否包含与查询行为类别相同的行为模式。

图 2-8 展示了多实例行为检测实验中，对多行为实例的部分检测与定位结果。图 2-8（a）展示了对沙滩场景三视频的行为检测定位结果。从这几幅图片中可以看出，所提行为检测算法在存在少量遮挡的情况下，仍能够很好地检测定位行为。图 2-8（b）显示了芭蕾舞旋转行为的两种检测情况。该子图的前两幅图像展示了在男性舞者与女性舞者都在执行旋转行为时，两个行为主体存在重叠情况下的行为检测与定位结果。其他图片展示了二者同时进行旋转行为时的检测情况。实验结果显示，在没有遮挡或只存在少量遮挡的情况下，所提算法显示了其较强的行为检测能力。对于存在大部分遮挡与完全遮挡的情况，该算法则无法处理。所提算法在多实例行为检测实验中的平均检测率如表 2-2 所示。

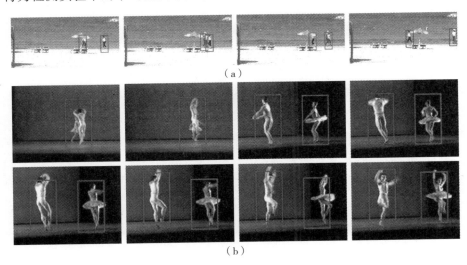

（a）

（b）

图 2-8 多实例行为检测结果展示

表 2-2 多实例行为检测的平均检测率

平均检测率	芭蕾舞场景二	沙滩场景三
所提方法	0.72	0.92

为了比较位移直方图序列的行为表征方法与 3DLSK（Seo，2011）、HOG3D 特征在行为检测中的效果，按照文献（Seo，2011）的实验设置，将

目标视频沙滩场景一、沙滩场景二、沙滩场景三与芭蕾舞场景一、芭蕾舞场景二分别视为一个整体。将文献（Seo，2011）中基于 3DLSK、HOG3D 特征的行为检测结果与本章所提特征表示方法进行比较，利用这些特征对两个目标视频中的行为进行检测的 PR 曲线如图 2-9 所示。该实验在单一尺度下分别使用三种特征对沙滩场景的目标视频进行行走行为的检测，以及对芭蕾舞场景的目标视频进行芭蕾舞旋转行为的检测。从图 2-9 中可以看出，相比于 HOG3D 特征，本书所提方法获得了较好的效果。所提方法甚至可以与计算复杂度较高的 3DLSK 特征的检测效果相比拟。

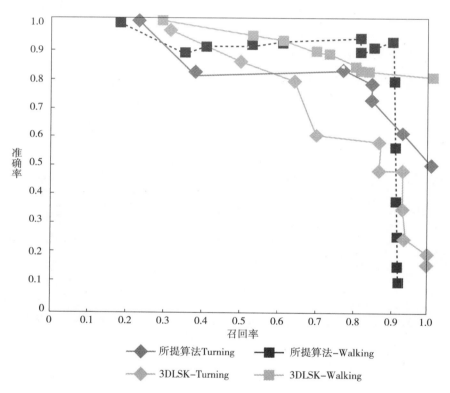

图 2-9　基于 3DLSK、HOG3D、位移直方图序列的行为检测曲线比较

2.5.4　行为分类识别

所提的行为表征方法不仅可以用来检测行为，还可以用于行为分类识

别。不同于传统的那些需要大量训练样本的行为分类方法，该方法在每种行为类别只有一个行为样本的情况下即可对行为进行分类识别。为了验证所提算法在行为分类识别方面的有效性，本节在 Weizmann 行为数据库与 KTH 行为数据库上进行行为的分类识别实验。在介绍了行为的分类识别流程之后，分别对 Weizmann 行为数据库与 KTH 行为数据库上的行为分类识别实验进行介绍与分析。

首先，对该行为分类识别实验的流程进行简单介绍。对于 Weizmann 与 KTH 行为数据库中的行为视频，在不对其做任何处理的情况下，即不进行运动估计、行人检测、跟踪和前景背景分割等操作的情况下，直接将行为视频表征为二维位移直方图序列。为了识别测试视频的位移直方图序列表征的行为类别，使用式（2-5）计算每个长度为 g 的连续的位移直方图序列与训练样本的位移直方图序列的相似度。其次，根据计算得到最大的相似度，给每个连续长度为 g 的位移直方图序列分配行为标签。最后，根据得到的行为标签序列给测试视频分配行为类别标签。在该分类识别的流程描述中，并没有对行为视频进行任何精确的预处理，但是，却获得了可以接受的行为分类结果。相比于现有的一些复杂的行为表征算法，本章所提的行为表征方法更适用于实际应用中的行为分类识别。

2.5.4.1　Weizmann 行为数据库

Weizmann 行为数据库（Blank，2005）包含了由九个不同的人执行的十种行为，共计 90 个行为视频。该数据库的十种行为类别分别为行为"bend"（弯腰）、行为"jump"（双脚跳）、行为"pjump"（单脚跳）、行为"jack"（挥手跳）、行为"skip"（跳跃）、行为"side"（侧身跑）、行为"run"（跑）、行为"walk"（走）、行为"wave1"（挥手 1）和行为"wave2"（挥手 2）。该数据库的行为视频拍摄于静态场景下，而且背景比较单一，其行为识别相对比较容易。不同于传统的那些对 Weizmann 行为数据库进行交叉验证（Leave-One-Out）的实验方法，所提方法随机地选择一个人的十种行为作为训练样本，其他八个人的行为视频则作为测试数据。如此，每种行为类别包含一个训练行为视频和八个测试行为视频。

按照所描述的实验设置，对 Weizmann 行为数据库进行分类识别实验。行为分类识别的混淆矩阵（Confusion Matrix）如表 2-3 所示。从该表显示的结果可以看出，对于"bend""jack""pjump""walk""side""wave1"

这几种行为类别，所提方法能够对数据库中的所有测试视频进行正确识别；对于行为类别"wave2"和"run"，该方法只对一个测试样本进行了误判；而对于行为"jump"与"skip"，由于二者与"run"和"side"等行为比较类似，其识别率比较低。

表2-3　Weizmann 行为数据库的行为分类识别实验的混淆矩阵

categories	bend	jack	pjump	walk	wave1	wave2	run	side	jump	skip
bend	8	0	0	0	0	0	0	0	0	0
jack	0	8	0	0	0	0	0	0	0	0
pjump	0	0	8	0	0	0	0	0	0	0
walk	0	0	0	8	0	0	0	0	0	0
wave1	0	0	0	0	8	0	0	0	0	0
wave2	0	0	0	0	1	7	0	0	0	0
run	0	0	0	1	0	0	7	0	0	0
side	0	0	0	0	0	0	0	8	0	0
jump	0	0	0	0	0	0	0	2	6	0
skip	0	0	0	0	0	0	2	1	3	2

在理论上，该行为分类方法能够对不同的运动模式进行准确识别。所以该算法在对行为类别"bend""jack""pjump""walk""side""wave1"的识别过程中，获得了较好的效果。由于一些行为类别的运动模式非常相似，而且人体运动时产生的非刚体形变，以及服装的不同对行为识别产生了一定程度上的影响，所以有些行为的识别效果不太好。表2-4 对在 Weizmann 行为数据库进行行为识别的一些方法的平均识别率进行了比较，并对比了一些基于单样本与基于多样本训练的行为识别算法。

从表2-4 中可以看出，本章所提算法相比于其他的基于单样本的行为识别算法，获得了较好的识别效果，甚至可以与一些基于训练的行为识别算法相比拟。但是，由于服饰、兴趣点匹配精度等问题的存在，所提算法不能像文献（Jiang，2012）等基于训练的行为识别算法那样获得理想的识别效果。方法（Jiang，2012）使用联合的形状（Shape）与运动（motion）特征，在 Weizmann 行为数据库中获得了100%的识别率。然而，形状与运动特征计算比较复杂且比较耗时。在仅使用形状特征与仅使用运动特征的情况下，其行为识别率只达到了 88.89% 与 81.11%。总之，所提算法在基于单样本的情况下，为了加快行为的表征速度，在一定程度上降低了行为识别率。

表 2-4　在 Weizmann 行为数据库上平均行为识别率的比较

方法	是否基于单样本	平均识别率（%）
Motion	N	88.89
Shape	N	81.11
3DLSK+1NN	N	84.70
3DLSK+1NN	Y	75.50
所提算法（N=3）	Y	87.50
所提算法（N=5）	Y	85
所提算法（N=7）	Y	85
所提算法（N=9）	Y	85
所提算法（N=11）	Y	71.25

2.5.4.2　KTH 行为数据库

KTH 行为数据库（Schuldt，2004）包含六种行为类别，分别为行为"waking"、行为"jogging"、行为"running"、行为"boxing"、行为"hand waving"和行为"hand clapping"。这六种行为分别由 25 个不同的人执行，并拍摄于四种不同的场景。这四种拍摄场景分别为室外场景"outdoors"（d1）、室外尺度变化场景"outdoors with scale variation"（d2），室外的服饰变化场景"outdoors with different clothes"（d3）和室内场景"indoors"（d4）。该数据库共包含 2391 个行为视频序列，视频分辨率为 160×120。

为了更进一步地验证所提算法的行为识别效果，本小节在 KTH 行为数据库上执行了行为识别实验。该实验采用了基于单样本的行为识别方法对行为进行分类识别。该方法无法对类内差异极大的行为进行识别，因此该实验将每种场景的行为视频数据作为一个单独的行为数据库。然后，随机地为每类行为选择一个行为视频作为训练样本，对其他的所有行为进行分类识别。

表 2-5 对一些在 KTH 行为数据库上进行行为识别的算法进行了比较。该行为分类识别算法的实验设置，不同于其他的基于交叉验证（Leave-One-Person-Out）的实验设置或基于训练集与测试集分割的实验设置。在该实验中，每类行为只有一个训练视频样本，其他所有的该类行为的视频全为测试样本。由于各类行为包含巨大的类内差异及类间相似性，这样的实验设置，对行为分类识别是一个巨大的挑战。如表 2-5 所示，所提算法在 KTH 行为数据库的 d1 场景中获得了较好的识别效果。表 2-6 展示了对 KTH 行为数据库的 d1 场景进行行为分类识别实验得到的混淆矩阵。在实验中，位移空间中每个单元格的尺寸参数被设置为 $N=5$。

2.5.5　时间复杂度

所提算法的计算复杂度主要体现在以下四个部分：第一部分是 Harris 角点的检测；第二部分是 Harris 角点的匹配，以及匹配的 Harris 角点对在位移空间的投票；第三部分是基于矩阵余弦相似度度量方式的位移直方图序列的相似性计算；第四部分是精确的、逐帧的行为定位。基于霍夫投票的机制，所提算法的执行效率相对比较高。另一个提高行为识别速度的因素是该算法使用了从粗到细的行为检测方案。该方案是行为的表征及精确定位只在运动区域执行。

该行为检测框架的设计在检测速度方面有较大的优势。该行为检测算法通过 Matlab 实现，在 CPU 为英特尔奔腾双核，主频为 2.93GHz 的 PC 上，行走行为的查询视频（帧长为 20，分辨率为 75×111 视频图像序列）消耗了 1.123 秒进行行为表征。沙滩场景一（帧长为 118，分辨率为 180×360 的目标视频图像序列）中的行走行为检测消耗了 3.245 秒。对于目标视频沙滩场景一，其平均处理速度可以达到 27~32 帧/秒。沙滩场景二（帧长为 97，分辨率为 180×360 的目标视频图像序列）消耗了 4.14 秒去检测行走行为，其平均处理速度为 17~19 帧/秒。对于多实例的行走行为检测，沙滩场景三（帧长为 241，分辨率为 180×360 的目标视频图像序列）花费了 11.069 秒，其平均处理速度为 19~20 帧/秒。从对沙滩场景的三个目标视频的处理时间可以看出，所提算法的时间消耗与行为实例的数目以及运动区域与整个视频序列的比率密切相关。

表 2-5　KTH 行为数据库的平均行为识别率的比较

算法	d1	d2	d3	d4	是否基于单样本
Motion	92.82%	78.33%	89.39%	83.61%	N
Shape	71.95%	61.33%	53.03%	57.36%	N
Schindler	90.17%	84.83%	89.83%	85.67%	N
所提算法（N=3）	87.53%	66.51%	80.29%	84.65%	Y
所提算法（N=5）	92.67%	60.55%	90.45%	89.52%	Y
所提算法（N=7）	85.42%	64.33%	85.72%	83.46%	Y

表 2-6　KTH 行为数据库行为分类的混淆矩阵

行为类别	拳击	拍手	挥手	慢跑	跑	走
拳击	0.93	0.05	0.02	0.00	0.00	0.00
拍手	0.05	0.92	0.03	0.00	0.00	0.00
挥手	0.00	0.07	0.93	0.00	0.00	0.00
慢跑	0.00	0.00	0.00	0.90	0.10	0.00
跑	0.00	0.00	0.00	0.12	0.88	0.00
走	0.00	0.00	0.00	0.00	0.00	1.0

　　另一个影响计算复杂度的因素是行为的周期性或非周期性类型。对于周期性行为，可以利用查询视频的位移直方图序列中只包含一个行为周期的序列片段，与目标视频的位移直方图序列进行比较，这样匹配效率较高，且不会影响检测结果。而对于非周期性行为，必须使用查询视频的整个位移直方图序列与目标视频的表征进行匹配。如此看来，对于周期性行为的检测，该算法比较节省时间。

　　对于芭蕾舞场景的实验，旋转行为的查询视频（帧长为 13，分辨率为 114×92 的图像序列）的行为表征花费了 1.38 秒，其平均处理速度为 3～4 帧/秒。用于单实例行为检测的芭蕾舞场景的目标视频（帧长为 250，分辨率为 144×92 的图像序列），芭蕾舞的旋转行为的检测花费了 65.62 秒。对于多实例行为检测的芭蕾舞场景的目标视频（帧长为 516，分辨率为 144×192 的图像序列），芭蕾舞的旋转行为的检测花费了 144.41 秒，其平均处理速度为 3～4 帧/秒。

　　文献（Seo，2011）中的基于单样本的行为检测算法，也是通过 Matlab

实现的，在配置为英特尔奔腾 CPU，主频为 2.66GHz 的机器上，该算法基于查询视频（帧长为 13，分辨率为 90×110）处理目标视频（帧长为 50，分辨率为 144×192）花费了一分多钟的时间。为了比较所提算法与 3DLSK 算法（Seo，2011）的时间性能，下载了文献（Seo，2011）的原始 Matlab 代码，并统计了其在沙滩场景各视频中的行走行为的检测速度。在表 2-7 中，比较了 3DLSK 算法（Seo，2011）与所提算法的时间效率。所提算法的检测速度明显高于文献（Seo，2011）所提的算法。

表 2-7　基于单样本的行为检测时间的比较

检测速度（帧/秒）	所提算法	3DLSK
沙滩场景一	27-32f/s[a]	0.4-0.5 f/s
沙滩场景一	17-19 f/s	0.4-0.5 f/s
沙滩场景一	19-20 f/s	0.4-0.6 f/s

注：f/s 表示帧/秒。

2.6　本章小结

本章提出了一种新颖的行为表征方法，位移直方图序列表示法。该方法通过人体上匹配的兴趣点对，在位移空间的投票信息形成的位移直方图来表征行为；然后，使用矩阵余弦相似度的度量方法，计算查询视频的位移直方图序列与目标视频的行为表征之间的相似度，并根据该相似度识别行为；最后，该算法利用兴趣点匹配信息，精确地逐帧定位行为，快速而高效。更重要的是，该算法不似传统的行为检测方法需要大量的训练样本进行训练学习，它仅需要一个行为视频样本即可进行行为检测。

为了降低算法计算复杂度，所提算法选择了简单的且位于人体边缘的 Harris 角点作为兴趣点，并使用 HOG 特征对兴趣点的周边进行特征描述。该方法计算效率高，在一般的 PC 机上即可进行实时的行为检测。对于在静态场景下拍摄的视频，在对查询视频与目标视频不做任何精确复杂的预处理的情况下，使用所提的行为表征方法能够获得可接受的行为检测效果。

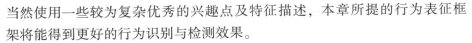

当然使用一些较为复杂优秀的兴趣点及特征描述，本章所提的行为表征框架将能得到更好的行为识别与检测效果。

相比于其他的行为检测算法，所提算法时间效率比较高。但是在存在遮挡的情况下，其行为检测效果较差。所提算法仅适用于静态场景或简单一致场景下的行为检测，在摄像头固定的情况下，该方法能够有效地应用于监控视频中的异常行为检测。不能应用于动态背景视频中的行为监控，严重地限制了其实际应用范围。在后续章节，本书将介绍应用于动态背景或摄像头非固定情况下的行为识别算法。

第 3 章　基于时空特征学习的行为识别

本章针对背景较复杂但行为主体可检测情况下特定行为的识别问题，提出了一种新颖的时空特征学习方法。行为是由人体一系列的肢体运动组成的有序序列。通过观测可以发现，人体各部位在时间序列上的形状变化可以近似地表达人体各部件的肢体运动。据此，结合传统的人工设计特征与学习能力非常强的深度神经网络技术，本章提出了一种从视频的侧面来捕捉学习表征行为运动规律的时序特征的方法。不同于其他的从视频正面进行特征学习的方法，该方法从视频侧面近似地学习了人体各部位的运动信息，并有机地将这些信息整合为行为的全局表达。在公用数据库上进行的大量实验表明，所学时空特征能够有效地对特定行为以及多类行为进行识别。

3.1　相关研究及问题形成

行为特征的提取与学习对行为识别非常重要，它是识别行为不可或缺的一个关键步骤。近年来，随着行为识别技术在日常生活与工业领域的广泛应用，科研人员提出了许多行为分类识别算法（Harandi，2013；Baktashmotlagh，2013；Nasri，2013；Mahbub，2014；Zhang，2014）。根据表征行为的特征提取方法的不同，现有的行为识别算法大致可以分为三类：基于传统的人工设计特征的行为识别方法、基于深度学习特征的行为识别方法，以及基于混合特征提取的行为识别方法。基于混合特征的行为识别方法整合了两类方法，通过人工设计特征与深度学习策略的结合进行混合特征提取。

利用人工设计特征表征行为，并进行行为识别的研究成果比较多。因此，在行为识别领域也产生了大量的描述行为的全局特征与局部特征。如文献（Blank，2005；Laptev，2007）使用提取的全局的时空卷（Space-Time Volume）特征识别行为。文献（Laptev，2008；Derpanis，2010）通过提取的局部时空兴趣点（Space-Time Interest Points）特征对行为进行分类识别。文献（Elgammal，2003；Thurau（2008）基于表象（Appearance）特征或形状（Shape）特征识别行为。Fathi（2008）、Wang（2008）通过计算的运动（Motion）特征识别行为。这些人工设计特征精细复杂，通过对人体行为的表征获得了非常好的行为识别效果。然而，近年来，这种通过人工设计特征对行为进行刻画表征的方法，在行为识别方面已没有什么新的突破与进展。

随着深度学习技术在语音识别和图像处理等方面取得了巨大的成功，深度学习在行为识别领域也获得了越来越多的关注。许多研究工作利用深度学习技术在行为识别方面获得了很好的识别效果。如文献（Le，2011）使用 Stacking 和 Convolution 的技术，直接从视频数据中无监督地学习不变的时空特征，并利用该特征获得了非常好的行为识别效果。文献（Taylor，2010）提出了一种基于卷积神经网络架构的行为识别方法。该方法从连续的图像中学习了一种潜在的表征图像序列的特征，并通过实验验证了该方法在行为识别方面的有效性。文献（Ji，2010）使用三维卷积神经网络采用端到端的方式对视频中的人体行为进行识别，在完全没有依赖设计特征的情况下，获得了压倒性的行为识别效果。但是在三维视频中，那些在图像处理中非常便捷的深度学习方法的计算量变得非常大，许多操作也变得异常复杂。如卷积操作，对视频进行处理时，其计算复杂度呈指数级增长。

目前，少量基于混合特征提取的行为识别方法被提出。这些方法利用深度学习技术，从提取的人工设计特征中学习更为抽象的特征，并进行行为识别。如文献（Liang，2014）使用 DPM（Deformable Part Model）模型对人体部件或目标进行检测，然后利用检测到的身体各部件或目标的位置信息使用深度置信网络（Deep Belief Network）进行行为识别。文献（Wu，2014）基于人体的骨骼关节点利用深度置信网络识别行为。鉴于该类方法在行为识别方面的有效性，这类混合策略获得了越来越多的关注。

通过观测可以发现，行为是由人体的一系列肢体运动组成的有序序列。人体各部位的运动，在时间维度上形成了人体各部件的形状变化序列。该形状变化序列对行为识别非常重要，从视频的侧面学习这种形状变化特征可以捕捉到人体执行行为的运动规律。鉴于形状（Shape）特征已在诸多行为识别算法（Jiang，2012；Pei，2013）中取得较好的效果，而且限制玻尔兹曼机擅长学习数据的分布规律，结合二者，本章提出了一种新颖的从视频侧面进行特征学习的行为识别算法。该方法利用深度神经网络，从提取的人体各部位的形状变化序列中学习行为的特征表征，并利用该特征对特定行为进行有效的识别。

3.2　方法概述

　　本章结合人工设计特征与深度学习技术，提出了一种新颖的时空特征学习方法。该特征学习方法的框架如图 3-1 所示。首先，该方法利用现有的检测与跟踪算法，自动地对行为执行者进行检测与跟踪，并将检测与跟踪结果映射为一个剪辑视频。将剪辑视频分割为多个以空间位置区分的视频块，并以对视频块中每个图像的形状特征进行拼接的方式，将视频块表示为特征向量。如此，剪辑视频就被表示为多个形状特征向量。然后，利用如图 3-1 所示的两层神经网络学习特定行为的这些特征向量的分布。该神经网络由多个限制玻尔兹曼机组成，第一层网络的每个限制玻尔兹曼机对应一个空间位置。训练集中各空间位置的特征向量，都用于训练对应的限制玻尔兹曼机。神经网络的第二层对第一层的输出数据进行再组织，输出视频块的时空特征表征。最后，利用学习的时空特征训练支持向量机分类器，对特征行为进行识别。

　　所提方法对行为识别具有多种的贡献。首先，不同于其他的从行为视频的正面进行信息处理的方法，所提方法从视频侧面进行时空特征学习。该方法开辟了一个新的视角对行为进行特征表征。其次，基于限制玻尔兹曼机，本章提出了一个新的神经网络架构进行时空特征的学习。不同于以往的基于深度学习的行为识别方法，所提方法不是直接从视频的像素数据中学习特征，而是从提取的形状特征中提取更为抽象的高层特征进行行为识别。最后，在公用数据库上进行的大量行为识别实验，验证了学习的特征对行为识别的有效性。

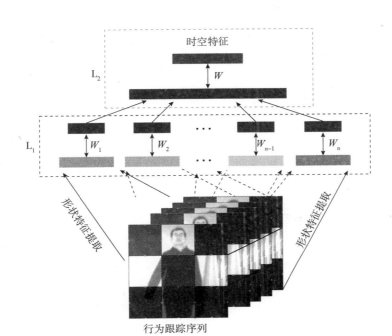

图3-1 特征学习框架

3.3 基于神经网络的时空特征学习

本节介绍如何利用所提的神经网络框架进行时空特征学习。该特征学习过程分为四个步骤。第一个步骤，作为预处理，所提方法利用行人检测与跟踪算法，将行为视频表示为行为跟踪序列（Action Tracks）（Yao，2010）。利用行为跟踪序列进行特征学习的网络架构如图3-1所示，该架构由一个两层的神经网络组成，其基本单元是限制玻尔兹曼机（RBM）。第二个步骤，将行为跟踪序列分割为多个如图3-1所示的视频块，并对每个视频块提取视频块中每帧图像的形状特征（Block Shape Features）。所提方法没有直接从视频块的像素信息中学习特征，而是从提取的视频块的形状特征中学习更为抽象的特征。第三个步骤，则利用多RBM神经网络层从视频块的形状特征序列中提取特征。第四个步骤，拼接多RBM神经网络层的输出，将其输入第二层神经网络，第二层网络的输出就是学习的时空特征。设置第二层神经网络的目的，是对多 RBM 神经网络层的输出进行降维。下面对时空特征的学习过程进行详细说明。

3.3.1 行为跟踪序列

执行行为时，行为执行者在视频帧中的位置会有所变动，人体的姿态也会相应地有所变化。为了保证行为执行者一直处于视觉焦点之中，本章采用目标检测与跟踪算法自动地对行为人体进行检测与跟踪，并将检测与跟踪结果表示为行为跟踪序列（Action Track）。在行为视频的初始帧，使用通用的行人检测算法（Dalal，2005；Felzenszwalb，2010）对行为执行者进行检测。文献（Felzenszwalb，2010）设计的行人检测器可以在动态混杂背景下拍摄的行为视频中有效地检测行人，而且该算法可以在多个尺度下对行人进行检测。检测到行为人体以后，为了在后续的视频帧中，将行为执行者置于视觉焦点之中，该方法使用跟踪算法在后续帧中对行为人体进行定位。行为人体的定位结果将严重影响到后续的行为识别的精度，因此，成功地对执行行为的人体进行检测非常重要。目前，有许多跟踪算法（Zhang，2013；Zhang，2012）被提出，在视觉跟踪方面它们取得了巨大的进步。为了与其他基于跟踪的行为识别算法进行比较，为公平起见，本文与文献（Jiang，2012；Pei，2013）采用相同的跟踪算法，即使用基于核的跟踪算法（Han，2008）对行为执行者进行跟踪。

然而，当人体执行多种不同的行为时，其四肢会进行一些各式各样的运动。根据行人检测与跟踪结果，来确定恰好包含行为执行者身体各部件的边界框非常困难。因此，本章使用一个较大的边界框来定位行为执行者，以期在各种运动姿态下都能将行为执行者的四肢与躯干限定在边界框中。与行为识别方法相同，所提方法也根据行人检测与跟踪结果优化边界框。优化后的矩形边界框，其中心位置位于行人检测算法或跟踪算法得到的边界框的中轴线上，其宽度与边界框的高度成正比。最后，将行为执行者的定位结果都归一化到相同的尺度上，便形成一个行为跟踪序列。

为便于后续的处理，将行为跟踪序列的长度设置为固定长度 T。若初始的行为跟踪序列的长度大于 T，直接抛弃那些多余的视频帧；否则，使用零填充的方法将行为跟踪序列延长为 T 帧。在本章中，对于行为类别 c_i，其所有的训练视频的行为跟踪序列记为 AT_{c_i}，而其他行为类型的行为跟踪序列记为 $AT_{\overline{c_i}}$。在后续的章节中，将详细介绍如何使用行为跟踪序列集 AT_{c_i} 为行为类别 C_i 训练一个两层神经网络。

3.3.2　视频块形状特征

对每一个行为跟踪序列，从视频的正面，将其分割为 $n_w \times n_h$ 个视频块。如前文所述，每个视频块的帧长仍为固定值 T。将分割后的视频块记为 B^j，其中 $J = \{1,2,\cdots,n_w \times n_h\}$ 对应于视频块的空间位置。由于使用三维的卷积方法处理视频块序列将产生非常大的计算量且比较耗时，所提方法将视频块序列表示为视频块形状特征，然后再利用深度神经网络从这些底层特征中学习更为抽象的时空特征。

对于视频块 $B^j(j \in J)$ 的每帧图像 $B_k^i(k=1,2,\cdots,T)$，将其分割为 $M_w \times M_h$ 个网格单元，并计算每个网格单元在 M_d 个方向上的梯度方向直方图（HOG）。每帧图像的所有网格单元的梯度方向直方图的拼接向量表示了该图像帧的形状特征。因此，每个图像帧的形状特征的维度为 $M_w \times M_h \times M_d$。与文献（Jiang，2012）相同，该形状特征被表示为特征向量（S_{k1}^j，S_{k2}^j，$\cdots$，S_{km}^j），其中 $m = M_w \times M_h \times M_d$。$S_{k1}^j = [l=(1,2,\cdots,m)]$ 表示图像帧 B_k^j 的形状特征的第 l 个分量。对行为跟踪序列的每个视频块，提取每个视频帧的形状特征，将其拼接为一个长向量，该特征向量表征称为视频块的形状特征。行为跟踪序列视频块的形状特征如图 3-2 所示。图 3-2 的第一行是行为跟踪序列的一个视频块的图像序列，第二行为其对应视频块的形状特征。图 3-2 显示了在计算视频块的形状特征时，将每个视频帧分割成的 1×1 个单元格在 9 个方向上的梯度方向直方图。

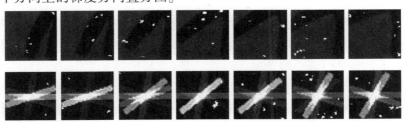

图 3-2　视频块形状特征

在行为识别算法中，行为执行者的姿态是一个很重要的信息。在文中，我们对行为跟踪序列的每一帧图像的形状特征进行归一化，即对行为跟踪序列的每一帧图像中的人体姿态的形状特征进行归一化。根据前人的经验，L_2 范数对拼接的图像描述特征非常有效。如此，行为跟踪序列的一帧图像被表示为 $(B_k^1, B_k^2, \cdots, B_k^{n_w \times n_h})(k=1,2,\cdots,T)$。对行为跟踪序列中每帧图像的形状特征的归一化操作如式（3-1）所示，

$$q_{kj}^j = \frac{S_{kl}^j}{(\sum_{j=1}^{n_w \times n_k} \sum_{r=1}^{m} |S_{kr}^j|^2)^{\frac{1}{2}}} \qquad (3-1)$$

其中，$1 \leq l \leq m$，q_{kl}^j 是对形状特征向量进行归一化操作后，形状特征向量的分量 S_{kr}^j 对应的归一化的分量值。

综上所述，行为跟踪序列的视频块中每个图像帧的形状特征描述为 $D_k^j = (q_{k1}^j, q_{k2}^j, \cdots, q_{km}^j)$。其中，$j \in J$，$1 \leq k \leq T$。那么，视频块 B^j 的视频块形状特征可以表征为 $(D_1^j, D_2^j, \cdots, D_T^j)$。该特征的维度为 $T \times M_w \times M_h \times M_d$。$q_{kl}^j \in [0,1]$，所以特征向量 $(D_1^j, D_2^j, \cdots, D_T^j)$ 可以作为一个 RBM 的输入，来训练本章设计的两层神经网络架构。

3.3.3 多 RBMs 神经网络层

限制玻尔兹曼机（RBM）是一个无向图模型（Undirected Graphical Model），它是马尔科夫随机场的一种特殊类型。限制玻尔兹曼机是一个包含两层神经元的网络架构，两层神经元分别为输入层神经元与隐藏层神经元。该网络的同一层神经元之间没有连接，输入层与隐藏层的各神经元之间以全连接的方式连接。该类型的神经网络模型首次在文献（Smolensky，1986）中被提出。随后，Freund 和 Haussler 在文献（Freund，1994）中，对该网络的学习算法进行了讨论。而文献（Carreira，2005）提出了有效地对限制玻尔兹曼机进行训练的学习算法。

文献（Freund，1994）曾指出，在有足够多的隐藏神经元的情况下，RBMs 可以学习任何离散分布。如图 3-1 所示，神经网络的第一层由多个 RBMs 组成。所提方法使用多 RBMs 神经网络层来描述行为的特征分布。多 RBMs 神经网络层的结构如图 3-3 所示。如前文所述，已经将行为跟踪序列

的视频块表示为视频块形状特征。对每种行为类别，使用该行为类型的所有训练样本的视频块形状特征去训练多 RBMs 神经网络层的 RBM。每个 RBM 都使用对应空间位置的视频块形状特征进行训练。相应地，多 RBMs 神经网络层包含 $n_w \times n_h$ 个需要训练的 RBM。在图 3-3 中，每个 RBM 的输出层包含 K 个神经元，而 K 的取值直接影响到了学习的每类行为的特征分布的情况。因此，该方法通过实验具体地分析 K 的取值对实验结果的影响。

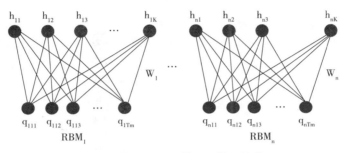

图 3-3　多 RBMs 神经网络层结构

对于多 RBMs 神经网络层的每个限制玻尔兹曼机 $RBM_j(j = 1, \cdots, n_w \times n_h)$ 将对应的空间位置为 j 的所有的视频块的形状特征作为输入对其进行训练。这些输入的视频块的形状特征记为 $Q^j(q_{11}^j, q_{12}^j, \cdots, q_{Tm}^j)^T$，对应的 RNM_j 的输出记为 $H^j = (h_1^j, h_1^j, \cdots, h_k^j)^T$。对于限制玻尔兹曼机 RBM_j，其神经元 $\{Q^j, H^j\}$ 的状态能量的定义如下所示：

$$E(Q^j, H^j, \theta^j) = -(Q^j)^T W^j H^j - (b^j)^T Q^j - (a^j)^T H^j$$

$$= -\sum_{l=1}^{T \times m} \sum_{k=1}^{K} W_{lk}^j Q_l^j H_k^j - \sum_{l=1}^{T \times m} b_l^j Q_l^j - \sum_{k=1}^{K} a_k^j H_k^j \quad (3-2)$$

其中，$\theta^j = \{W^j, a^j, b^j\}$ 是限制玻尔兹曼机 RBM_j 的参数；W^j 表示输入神经元与输出神经元之间的对称的关联矩阵，即输入层与输出层之间的连接权重；b^j，a^j 是偏差向量，二者都是列向量。

每个 RBM 的参数都是通过 Contrastive Divergence（CD）算法（Carreira，2005）进行学习的。对于限制玻尔兹曼机 RBM_j，其输入神经元与输出神经元之间的联合分布为：

$$p(Q^j, H^j; \theta^j) = \frac{1}{Z(\theta^j)} exp(-E(Q^j, H^j; \theta^j)) \quad (3-3)$$

$$Z(\theta^j) = \sum_{Q^j} \sum_{H^j} exp(-E(Q^j, H^j; \theta^j)) \quad (3-4)$$

其中，$Z(\theta^j)$ 是配分函数（Partition Function），条件概率分布可以很容易地从式（3-3）推导出来，其具体形式如下所示：

$$p(H_k^j = 1 \mid Q^j) = g\left(\sum_l W_{lk}^j Q_l^j + a_k^j\right) \qquad (3-5)$$

$$p(Q_l^j = 1 \mid H^j) = g\left(\sum_k W_{lk}^j H_k^j + b_l^j\right) \qquad (3-6)$$

其中，$g(x) = 1 / [1 + exp(-x)]$ 是逻辑函数。所提方法使用 Contrastive Divergence（Carreira，2005）方法对限制玻尔兹曼机 RBM_j 的参数集进行学习。本章对所用神经网络架构的第一层网络，即多 RBM 神经网络层的每个 RBM 单独进行训练。该多 RBM 神经网络层对每种行为类别学习到的网络参数集记为 $\theta = (\theta^1, \cdots, \theta^n)$。

3.3.4　时空特征

所提方法对每种行为类别，训练了一个两层的神经网络。如图 3-1 所示，神经网络的第二层是一个单独的 RBM。该层网络的设计意图是对第一层神经网络的输出进行降维。该层网络的参数与第一层神经网络的每个 RBM 一样，记为 (W, a, b)。对于训练好的不同行为类别的神经网络，同一行为视频的输入会使各行为类别的网络输出各种不同类型的特征向量。也就是说，与训练神经网络的行为类别相同的行为视频会产生相似的输出，而非此类的行为视频将产生与该类行为不同的网络输出。

训练好的两层神经网络的输出就是学习到的时空特征。不同于那些基于深度学习方法，直接从视频的原始像素值中学习的特征，本书的时空特征是从视频块的形状特征中学习的。该特征是从传统的底层特征中学习的抽象的高层特征，它可以更鲁棒地对行为进行表征。学习到的时空特征的描述被记为 $H = (h_1, h_2, \cdots, h_S)$。其中，$S$ 的取值是根据经验设定的。在本章的实验中，我们设定 $S = \frac{1}{3} \times n_w \times n_h \times K$。

3.4　基于 SVM 分类器的行为识别

所提方法为每种行为类别训练了一个两层的神经网络和一个 SVM 分类

器。在训练阶段，对每种行为类别，使用该类行为的训练样本作为正样本（$y_i = +1$），其他行为类别的训练样本作为负样本（$y_i = -1$）来训练 SVM 分类器。然后通过最小化 SVM 的目标函数（Joachims，2002）来优化参数向量 ω 和松弛变量 ξ_i。然而，当使用该策略来训练 SVM 时，发现 SVM 的分类结果受到训练集中正负样本的数量不平衡的影响。

为了解决数据的不平衡问题，在对每种行为类别的 SVM 分类器进行训练的过程中，所提方法对训练集中的正负样本采用了不同的惩罚参数。鉴于训练集中正样本的个数 p 小于负样本的个数 q，所以，对正样本采用了较大的惩罚因子 C_+。这意味着在训练过程中，提高了训练集中每个正样本数据的重要性。对于负样本，则采用了较小的惩罚因子 C_-。训练 SVM 分类器使用的目标函数如下式所示：

$$\min_{\omega, \xi} \frac{1}{2} \| \omega \|^2 + C_+ \sum_{i=1}^{p} \xi_i + C_- \sum_{j=p+1}^{p+q} \xi_j$$
$$\mathrm{s.t.} y_i \left[(w^T H_i) + b \right] \geq 1 - \xi, (i = 1, 2, \cdots, p+q)$$
$$\xi \geq 0 \tag{3-7}$$

其中，H_i 是第 i 个行为样本的时空特征，(H_i, y_i) 是 SVM 分类器的输入向量，$p+q$ 是训练 SVM 使用的训练样本的个数。在实验中，使用 libSVM（Chang，2011）来解决 SVM 分类器的训练问题。实验中，通过正负样本个数的比率来设置 C_+ 与 C_-。

综上所述，对每种行为类别，本章训练了一个 SVM 分类器 F。如此，每种行为类别就可以表示为一个两层神经网络与一个 SVM 分类器组成的行为模型（θ，W，a，b，F）。利用该模型即可对特定行为进行识别。当然，利用多个行为模型亦可对多种行为类型进行分类识别。

3.5　实验

该部分通过三个公用的行为数据库，对本章设计的行为识别模型进行了广泛的实验验证。这三个行为数据库分别为 UCF sports 行为数据库（Rodriguez，2008）、KTH 行为数据库（Schuldt，2004）和 Keck gesture 数据库（Jiang，2012）。在这三个数据库上，分别进行了特定行为类别的识别实验与多类行为识别实验。

在实验中，比较了所提算法与一些经典算法在行为识别方面的效果。这些行为识别算法包括"BOW"（Raptis，2012）、"Mid-level Part Model"（Raptis，2012）、"FCM"（Lan，2011）、"DAP"（Raptis，2012）、"HOG/HOF"（Wang，2010）和"ST-DBN"（Chen，2010）等。这些行为识别算法都满足如下的一个标准：这些算法都取得了非常好的行为识别效果，而且这些算法都至少在本章使用的三个公用数据中的一个数据库上公布了其行为识别率。这些实验对比数据验证了所提行为识别算法的有效性。

3.5.1 UCF Sports 行为数据库

UCF Sports 行为数据库（Rodriguez，2008）包含 10 种行为类别，该数据库的行为视频来源于 BBC 和 ESPN 等体育广播频道。这 10 种运动行为类别分别为行为"diving"（diving-side）、行为"swing-1"（golf）、行为"kicking"（kicking-front 和 kicking side）、行为"lifting"、行为"riding"、行为"run"、行为"skateboarding"、行为"swing-2"（swing-bench）、行为"swing-3"（swing-side angle）和行为"walk"。该数据库共包含 150 个行为视频序列，对于不同的行为类别，这些视频的拍摄场景各不相同，而且拍摄视角非常广。此外，该数据集的背景非常混乱，对行为识别造成了一定程度上的干扰。UCF Sports 行为数据库的行为样本示例如图 3-4 所示。

图 3-4 UCF Sports 行为数据库的样本示例

对这种采集于各种视角下的真实混乱场景中的运动行为进行识别，非常具有挑战性。该实验采用与文献（Raptis，2012；Lan，2011）相同的实验设置，将 UCF Sports 行为数据库分割为包含 103 个视频样本的训练集与包含 47 个行为样本的测试集。据文献（Raptis，2012）描述，这种分割方式能最大化地降低训练集与测试集的背景关联度。由于训练样本的数量比较少，所提方法使用数据扩充的方法增加训练集中视频样本的个数。

在该数据库上，设计了三组实验。首先，实现了特定行为类别的识别实验。在该实验中，所提算法与"BOW"（Raptis，2012）和"Mid-level Part Model"（Raptis，2012）行为识别算法比较了在每种行为类别上的识别率；并与"BOW"（Raptis，2012）、"FCM"（Lan，2011）和"DAP"（Raptis，2012）行为识别算法比较了所有行为的平均识别率。其次，通过实验评估了参数 K 取不同值时对实验结果的影响。K 是神经网络架构的第一层网络中每个 RBM 的输出神经元的个数。最后，执行了多类行为的识别实验，并与"HOG3D"（Wang，2010）、"HOF"（Wang，2010）与"HOG/HOF"（Wang，2010）行为识别算法比较了多类行为的识别效果。众多研究文献都展示了"BOW""Mid-level Part Model""FCM""DAP""HOG3D""HOF"与"HOG/HOF"行为识别算法在行为识别方面的有效性。下文通过一些图表，本章将所提算法与这些有效的行为识别算法进行了比较。

在特定行为类别的行为识别实验中，对每种行为类别，所提方法使用该数据库给出的行为执行者的行为兴趣区域（Ground Truth Locations）对神经网络与 SVM 分类器进行了训练。每种行为的识别率如图 3-5 所示。在该图中，"BoW"是一种基于词袋与 SVM 分类器的行为识别方法。行为识别方法"BoW"与"Mid-level Part Model"的特定行为识别结果均来源于文献（Raptis，2012）。在该实验中，每个行为跟踪序列都被分割为 2×6 个视频块，而且参数 K 被设置为 300。从图 3-5 中可以看出，行为"Diving""Lifting""Horse Riding""Swing-Bench"与"Swing- Side"与其他经典的行为识别算法获得了可相比拟的行为识别效果。这五种行为的识别率已经非常高了，对这些行为类型的识别率进行提升已非常困难。对于其他行为类别，所提算法相较于这些基准行为识别算法，在行为识别率方面获得了较大的提升。特别值得一提的是，对于"Skating"行为和"Mid-level Part Model"行为识别算法甚至不能对该类行为进行识别，而所提算法却获得了较好的行为识别效果。

在表 3-1 中，我们比较了各行为识别算法在 UCF Sports 行为数据库上的平均行为识别率。在该表对应的行为识别实验中，所提方法将每个行为跟踪序列分割为 2×6 个视频块，将参数 K 设置为 300。从该表中，可以很

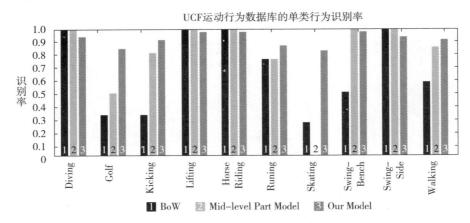

图 3-5　UCF Sports 数据库的特定行为类别的识别率的比较

明显地看到所提算法学习的时空特征在行为识别实验中获得了较好的效果。相比于"BOW""FCM"与"DAP"行为识别算法，所提算法在行为的平均识别率方面有较大的提升。

表 3-1　UCF Sports 数据库的行为平均识别率的比较

方法	平均识别率（%）
BOW	67.4
FCM	73.1
DAP	79.4
Ours	91.9

在该数据库上进行的第二个实验，通过调整参数 K 的取值来观察神经网络第一层中 RBM 的输出神经元的个数对行为识别实验的影响。在本章中，设置神经网络第二层的输出神经元的个数为 $S=\dfrac{1}{2}\times n_w\times n_h\times K$。在图 3-6 中，展示了神经网络第一层的每个 RBM 的输出神经元的个数 K，对 UCF Sports 行为数据库中的行为的平均识别率的影响。从图 3-6 中可以看出，K 的取值对行为识别的结果造成了直接的影响。这是因为 K 的取值直接决定了本章所设计的神经网络学习的时空特征基的个数。在对 UCF Sports 行为数据库中的运动行为进行识别的实验中，设置参数 $k=300$。

为了与经典的行为识别算法进行比较，所提方法使用一对多（One-A-gainst-All）的 SVM 分类策略，实现了对多类行为的识别实验。根据对每类行为训练的神经网络与 SVM 分类器模型，在计算出测试集中的行为视频的视频块形状特征后，分别将其输入每种行为类别对应的神经网络与 SVM 分类器。然后，通过比较各分类器的分类值，将输出分类值最大的分类模型对应的行为类别，作为多类行为识别实验中的测试视频的行为标签。

在该实验中，将从 UCF Sports 行为数据库的行为视频中检测生成的行为跟踪序列，分割为 2×6 个视频块，并将参数 K 设置为 300。多类行为识别的实验结果与其他多类行为识别算法的识别效果的比较如表 3-2 所示。从表 3-2 中可以看出，相比于基于 "HOG3D" "HOF" 与 "HOG/HOF" 特征的行为识别算法，所提算法获得了较好的行为识别效果。

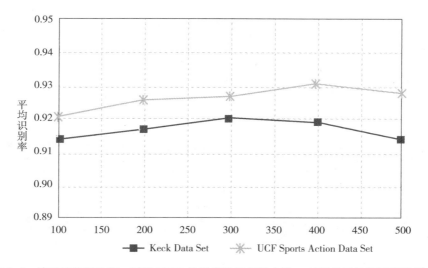

图 3-6　神经网络架构第一层的 **REM** 的输出神经元的个数 *K* 对行为平均识别率的影响

表 3-2　**UCF Sports 数据库的多类行为识别实验结果的比较**

算法	平均识别率（%）
Cuboids + HOG3D	82. 9
Dense + HOF	82. 6
Hessian + HOG/HOF	79. 3
our method	83. 6

3.5.2 Keck Gesture 数据库

Keck Gesture 数据库（Jiang，2012）中的行为是一组军事手势语（US-AEMY，1987）的子集。该数据库包含 14 种行为类别，分别为行为"trun left"、行为"turn right"、行为"attention left"、行为"attention right"、行为"flap"、行为"stop left"、行为"stop right"、行为"stop both"、行为"attention both"、行为"start"、行为"go back"、行为"close distance"、行为"speed up"和行为"come near"。其中，有些行为的动作非常相似，使得对这 14 种行为的成功区分具有巨大的挑战。在该数据库的训练集中，这14 种行为分别被三个不同的人执行，而且每个视频序列中，同一个人对同一种行为类别执行了三次。因此，该数据库的训练集包含了 14×3×3＝126 个行为序列。训练集中的视频数据是通过固定的摄影机在简单静态背景下拍摄的。与此不同的是，该数据库的测试集是通过运动的摄像机在混杂且有运动目标移动的背景下拍摄的。测试集包含 14×4×3＝168 个行为序列。该数据库的所有视频数据均由分辨率为 640×480 的彩色摄像机所拍摄。Keck Gesture 数据库的行为样本示例如图 3-7 所示。

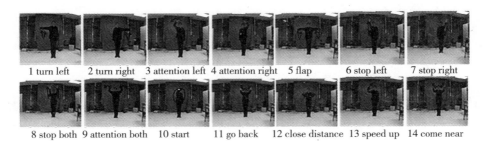

图 3-7　Keck Gesture 行为数据库的样本示例

为了验证所提算法学习的行为模型的有效性，与在 UCF Sports 行为数据库上执行的实验类似，在该数据库上实现了两个实验。首先，在该数据库上执行了特定行为类别的行为识别实验，与基于"3DSIFT"特征的行为识别算法比较了每种行为的识别率，并与"BOF"算法比较了平均行为识别率。"BOF"算法对行为的"3DSIFT"特征使用了词袋的表征方法，并用SVM 分类器对行为的词袋表征进行分类识别。然后，在该数据库上执行了

评估 K 的取值对实验结果影响的实验。

对于特定行为的识别实验，所提方法使用训练集中的正样本训练神经网络，并使用整个训练集去训练 SVM 分类器。在该实验中，每个行为跟踪序列被分割为 $n_w \times n_h$ 个视频块。为了评估视频块的分割数目对行为识别结果的影响，本章进行了大量的实验。在图 3-8 中，本书展示了当 $n_w \times n_h$ 取不同值时每种行为的识别率，并比较了所提算法与基于 "3DSIFT" 特征的行为识别方法的识别率。其中，"3DSIFT" 指基于词袋使用 3D SIFT 特征进行行为识别的方法。在该实验中，每个视频块的每帧图像的 shape 特征的维度被设置为 1×1×9，第一层神经网络的每个 RBM 网络的输出神经元的个数被设定为 400。在图 3-8 中可以看出，对每个行为跟踪序列分割的视频块的数目对行为的识别率具有一定的影响。此外，通过各实验对比可以发现基于本章所提方法学习到的空间特征比 3DSIFT 特征获得了更好的行为识别效果。

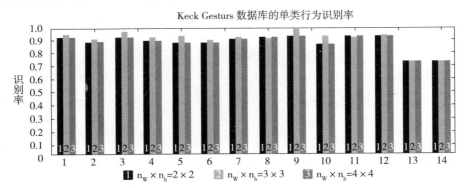

图 3-8　在 Keck Gesture 数据库中各行为识别算法的比较

对 Keck Gesture 数据库上的所有行为类别的平均识别率的比较如表 3-3 所示，表中所提行为识别算法的实验结果是通过将行为跟踪序列分割为 3×3 个视频块，将 K 的取值设置为 400 获得的。在该表中，比较了所提算法与 "BOF" 算法的行为识别效果。相比于 "BOF" 算法，所提算法在行为的平均识别率方面获得了较大的提高。类似于 UCF Sports 行为数据库，在图 3-6 中画出了 Keck Gesture 数据库上的所有行为的平均识别率随 K 的取值而变化的曲线。从图中可以看出 K 的取值直接影响到行为识别实验的结果，本书中，将在 Keck Gesture 数据库上执行的其他行为识别实验的参数 K 设置为 400。

表 3-3　**Keck Gesture 数据库特定行为识别实验的平均识别率的比较**

算法	平均识别率（%）
BOF	76. 7
Ours	93. 03

3.5.3　KTH 行为数据库

在本书的第二章，已经对 KTH 行为数据库（Schuldt，2004）进行了详细描述。本章在 KTH 行为数据库上执行了多类行为识别的实验，并将行为识别的实验结果与算法"ST- DBN"（Chen，2010）、"ESURF"（Wang，2010）与"pLSA"（Niebles，2008）算法在该数据库上的实验结果进行了对比。"ST-DBN"是一种基于深度学习的行为识别算法，该方法在 KTH 行为数据库上获得了非常好的行为识别效果。所提算法的实验结果与这些先进的行为识别算法的识别情况的比较如表 3-4 所示。从表中可以看出，所提算法在多类行为识别实验中获得了较好的行为识别效果。该实验将从该数据库中获得的行为跟踪序列分割为 $2×6$ 个视频块，并将参数 K 设置为 300。

表 3-4　**KTH 数据库多类行为识别实验的平均识别率比较**

算法	平均识别率（%）
ST-DBN	86. 6
Hessian + ESURF	81. 4
pLSA	83. 3
Our Method	86. 9

最后，本章展示了所提算法在三个数据库上的计算开销。与那些基于深度学习使用 3D 卷积技术进行行为识别的算法（Ji，2010；Pei，2013）相比，所提算法更为高效。所提算法从视频侧面，使用神经网络对从行为视频中提取的形状特征进行更抽象更高层特征学习的方法，大大减少了数据的计算量。在表 3-5 中，展示了各数据库中的每个行为视频的平均识别时间。与文献（Pei，2013）相同，表 3-5 中统计的行为识别的时间不包含对

行为执行者进行检测与跟踪的时间消耗。在本书中，所提算法使用 Matlab 进行实现，并在配置为英特尔奔腾双核 CPU，主频 2.93HZ 的 PC 上执行。在这样的实验设备上，所提算法仍然获得了可接受的行为识别速度。

表 3-5　行为视频的平均识别时间

数据库	平均识别时间
UCF Sport Dataset	2.8 s
KTH Dataset	2.1 s
Keck Dataset	2.5 s

3.6　本章小结

本书提出了一种新颖的从视频侧面进行全局时空特征学习的方法。该方法没有直接地从视频的像素信息中提取特征，而是从表征行为运动规律的底层形状特征序列中学习了更为抽象更为高层的时空特征。基于深度学习与模式识别的方法，本章设计了使用训练的两层神经网络结构与支持向量机表征特定行为模型的方法。该模型使用两层神经网络架构对全局时空特征进行学习，在三个公用数据库上的实验结果验证了所学特征对行为识别的有效性。

所提方法利用基于限制玻尔兹曼机的神经网络，对行为运动规律或行为运动信息的离散分布的学习，实现了对特定行为的识别。尽管该算法的设计是针对特定行为类别识别的，但是在采用一对多的 SVM 分类策略下，该算法仍可用于多类行为识别的实验。在两个公用数据库中执行的多类行为识别实验的结果，验证了所提算法在多类行为识别中的有效性。该方法在特定行为识别方面具有较大的优势，但是在多类行为识别的应用中，效率却比较低。在后续章节，本书利用二叉树和倒排索引表等结构，实现了对多类行为的快速识别。

第4章 基于倒排索引表的快速多类行为识别

本章针对行为人体可检测的复杂场景下多类行为的快速识别问题，提出了一种基于行为状态二叉树与倒排索引表的快速多类行为识别方法。目前有大量的关于多类行为识别的研究成果，然而大部分算法的识别速度都比较慢。为设计快速的多类行为识别算法，本章利用现有的有效人工设计特征，使用所有行为类别共享的行为状态二叉树来加快行为的表征速度；并通过查询行为状态倒排索引表与行为状态转换倒排索引表计算的分值向量来识别行为。在公用数据集上进行的大量实验表明，所提算法能够快速地对视频中的多类行为进行有效识别。

4.1 相关研究及问题形成

行为识别技术广泛应用于安全监控、人机交互等智能化领域的许多方面，它是计算机视觉领域非常重要且活跃的研究方向。目前，在学术方面，科研人员提出了大量的行为识别算法。这些研究工作，根据预先定义的行为类别，对测试视频中的人体行为进行识别，即使用分类的方法给测试视频中的行为分配预先定义的行为类别标签。尽管在理论研究方面行为识别已经有大量的研究成果，但是由于行为识别速度的问题，大部分行为识别算法无法满足实际应用需求。

大量多类行为识别方法都是基于多个识别单类行为的分类器实现的。如基于形状运动特征的原型树识别行为的方法（Lin，2009），利用对单类行为进行识别的动态时间规整法对多类行为进行分类识别；以及利用朴素贝叶斯交互信息最大化识别行为的方法（Yuan，2011），通过计算测试行为对应于各类行为的交互信息实现对多类行为的识别等。尽管这种基于单类行为识别的多类行为识别算法，可以通过多次执行单类行为识别算法的方式实现对多种行为类型的识别，但是计算效率比较低，严重影响了行为的识别速度。真正意义上的多类行为识别算法，通过一个分类器一次性对多种行为类别进行识别，这种行为识别方式有效地提升了行为的识别速度。

当然，也有许多行为识别算法是基于多类分类器进行行为识别的。相对而言，这种多类行为识别方法效率比较高。如文献（Zhang，2012）使用训练的多类支持向量机分类器进行行为识别；文献（Yao，2010）通过构建的霍夫森林分类器识别多类行为；还有一些方法（Chen，2010；Ji，2013）基于深度学习架构使用神经网络分类器对多类行为进行识别。然而，这些基于深度学习的方法，需要大量的训练样本学习数量巨大的神经网络参数。

在多类行为识别方法中，基于决策树或决策森林的行为分类方法（Yao，2010；Reddy，2009；Yu，2011）获得了较好的行为识别效果。如文献（Reddy，2009）和文献（Mikolajczyk，2008）使用局部特征构建 Sphere/Rectangle 树与 Vocabulary 森林有效地识别了多类行为；文献（Yao，2010）通过随机森林学习视频块与霍夫空间的投票之间的映射，实现了对多类行为的识别；文献（Yu，2011）基于局部时空兴趣点构建的随机森林，实现了对行为的识别与检测，文献（Lin，2009；Jiang，2012）通过构建的特征原型（prototype）树将行为表征为特征原型序列，然后使用动态时间规整对行为进行识别。这些方法在一定程度上加快了行为的表征速度或识别速度，但仍然没有在最大程度上实现多类行为的快速识别。

许多基于跟踪的行为识别算法，虽然没有直接使用多类分类器识别行为，但是这些方法利用其有效的行为表征方法，在多类行为方面取得了非常好的效果。基于跟踪的行为识别算法，根据其跟踪目标的不同又分为多种情况。如文献（Rao，2002）通过对人体的多个肢体的跟踪信息对行为建模并进行识别；文献（Raptis，2012）通过对人体密集跟踪信息的聚类对人体行为进行建模，并利用所建立的行为模型对人体行为进行识别。此外，有大量的行为识别方法（Wang，2007；Thurau，2008）根据对行为人体的跟踪结果，将人体行为表征为行为基元（Primitives）序列，然后利用行为的序列表征对其进行识别，并取得了较好的识别效果。如文献（Thurau；2008）将行为表征为姿态序列，使用 n-Gram 模型对行为进行匹配识别；文献（Lin，2009；Jiang，2012）将视频行为表示为原型（Prototypes）序列进行识别。虽然这些方法的大部分模型设计没有直接用于多类行为识别，但是这种时序的行为表征方法，极易用于多类行为分类器的设计。

受这些有效的、快速的行为识别方法的启发，本章基于对行为人体的跟踪，构建了各种行为类别共享的行为状态二叉树，并利用该结构快速地将行为表示为行为状态序列。不同于其他的利用行为基元序列进行行为识别的方法，所提方法还考虑到了相邻的两个行为状态之间的转换关系。这种行为状态转换的约束提高了行为的识别率。此外，所提方法利用倒排索引表设计了一种多类行为分类器，加快了行为识别的速度。据我们所知，该工作首次使用倒排索引表进行行为识别。

4.2　方法概述

本章提出了一种快速的多类行为识别算法。下面对其进行介绍。对于训练集中的视频数据，首先，该方法利用行人检测与跟踪算法自动地对行为人体进行定位，并提取形状运动特征；然后通过对这些形状运动特征向量的层级聚类构建二叉树，将树的每个叶子节点视为一个行为状态，并称该树为行为状态二叉树；通过查询行为状态二叉树获取形状运动特征向量的行为状态标签，即可将行为视频表征为行为状态序列；对训练集中的行为视频进行表征之后，根据特征向量的行为类别标签，构建行为状态倒排索引表与行为状态转换倒排索引表。

对于测试集中的视频数据，利用构建的行为状态二叉树，对形状运动特征分配的行为状态标签，如此即可将行为表征为行为状态序列；然后，通过查询行为状态与行为状态转换倒排索引表，即可获取行为状态序列中各状态与各状态转换对对应于各行为类别的分值向量；通过从验证数据集中学习的行为状态分值向量与行为状态转换分值向量之间的权重比例，便可计算出行为状态序列属于各行为类别的分值向量；如此，分值向量的最大分量的下标即是识别的行为类别标签。

所提算法的优势体现在多个方面。首先，不同于那些为每类行为单独训练一个分类器的行为识别方法，所提算法利用倒排索引表为所有行为类别设计了一个统一的行为分类器。其次，所提行为识别算法具有较强的适应性。

该方法在具有大量训练样本的数据集，以及在训练样本相对较少的数据库中，都能获得较好的行为识别效果。而且，各行为类别共享的行为状态二叉树与倒排索引表的应用，明显加快了行为的识别速度。最后，在四个公用数据集上进行了大量的实验，验证所提快速多类行为识别算法的有效性。

4.3　基于行为状态序列的行为表征

所提算法将视频行为表征为行为状态序列，本节对该过程进行详细介绍。该过程主要包含三个步骤，即预处理、构建行为状态二叉树和行为状态序列表征。所提的行为表征方法，与行为人体在视频中的位置和尺寸无关。因此，作为预处理，所提方法需要对行为人体进行定位，即设定行为的兴趣区域。行为的兴趣区域是通过行人检测算法与跟踪算法自动检测的。然后，所提方法从行为的兴趣区域序列中提取形状运动（Jiang，2012）（Shape-Motion）特征，该特征表征了行为人体的姿态与运动信息。有时，从不同的行为类别中提取的形状运动特征具有一定的相似性，其实这些行为类别共享部分行为状态。据此，所提方法利用训练集中提取的所有行为类别的形状运动特征，使用层级的聚类算法构建了行为状态二叉树。通过深度优先搜索法查询行为状态二叉树，可以快速地将从测试视频中提取的形状运动特征序列表征为行为状态序列。下面对视频行为的行为状态序列表征过程的各步骤分别进行详细介绍。

4.3.1　预处理

本章所提的行为表征方法，与行为人体在视频中的位置无关，并且对行为人体的尺寸也具有一定的尺度不变性。因此，该方法在提取形状运动特征对行为进行表征之前，首先定位行为的兴趣区域。该方法采用行人检测算法与跟踪算法，自动对行为的兴趣区域进行定位。所提方法设定行为的兴趣区域为以执行行为的人体为中心设定的一系列矩形框区域。

对每个行为视频序列，所提方法在视频第一帧使用通用的行人检测算法（Felzenszwalb，2010）对执行行为的人体进行定位。该行人检测算法适用性较强，可以在运动摄像机拍摄的行为视频中或包含动态背景的视频中有效地检测行为人体。此外，该算法还可以在多个尺度下对行为人体进行检测。在视频第一帧中自动地检测到行人之后，后续的视频帧采用跟踪算法（Comaniciu，2003）对行为人体进行定位。相比于行人检测算法，跟踪算法的速度比较快。行人检测算法与跟踪算法的结合可以快速地对行为人体进行定位。

行人检测与跟踪算法可以很好地对人体的躯干进行定位。然而，在执行行为时，人体的四肢进行着各种模式的运动，如果以人体的躯干为中心，使用一个较小的矩形框来框定人体，可能导致人体四肢的运动无法包含在该区域内。若设置的矩形框较大，则会包含太多不必要的信息。因此，所提算法采用与行为识别算法（Jiang，2012）相同的方法①，设定行为兴趣区域的矩形框的大小。按照这种方法，行为视频的每一帧都确定了一个以人体为中心的行为兴趣区域。行人检测与跟踪的结果如图 4-1 中的"特征提取"部分所示。为了便于后期的处理，本章对数据集中的所有行为视频，都按照这种方法定位了行为的兴趣区域。

4.3.2　行为状态二叉树

构建行为状态二叉树的过程如图 4-1 所示，该过程主要包含两个部分，形状运动特征的提取过程和行为二叉树的建立过程。正如在预处理部分介绍的，所提方法首先对视频中的行为人体进行检测与跟踪，然后从检测与跟踪得到的行为兴趣区域提取形状运动特征，该过程如图 4-1 中的虚线框定的部分所示。基于这些特征构建行为状态二叉树的过程如实线框定的部分所示。

对行为的兴趣区域进行定位之后，提取了兴趣区域的形状运动特征。形状运动特征在文献（Jiang，2012）中首次被提出。该特征是从以人体为中心的行为兴趣区域的矩形框序列中提取的，因此，它具有位置与尺度不变性。该特征对于整个视频行为来说是一种局部特征描述子，对于跟踪行为人体得到的每一帧人体姿态来说，是一种全局特征。因此，该特征非常适用于基于倒排索引表的行为识别算法。

---

① 行为的兴趣区域的矩形框的中心位置，位于通过行人检测算法或跟踪算法检测得到的边界框的中轴线上，且矩形框的宽度与边界框的高度成比例。

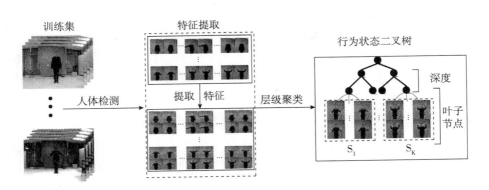

图 4-1　构建行为状态二叉树

　　提取的形状运动特征包含两种特征成分，即相互独立的形状特征描述子与运动特征描述子。行为兴趣区域中的每个矩形框区域的形状特征都被表征为一个维度为 n_s 的特征向量 $D_s = (S_1, S_2, \cdots, S_{n_s})\ ER_s^n$。其中，$n_s$ 是对矩形框区域进行形状特征描述时将其分割成的子区域的数目。行为兴趣区域的每个矩形框区域相比于其前一帧图像的运动信息被描述为运动特征，该特征被表示为一个维度为 n_m 的特征向量 $D_m = (QBMF_x^+, QBMF_x^-, QBMF_y^+, QBMF_x^-) \in R^{n_m}$。其中，"QBMF" 指量化的（Quantized）、模糊的（Blurred）和运动补偿流（Motion-compensated Flow）。运动特征的描述子是基于鲁棒的运动流特征计算而来的。关于形状运动特征的详细信息可以查询文献（Jiang，2012；Yao，2010）。在本章的所有实验中，形状特征的描述子的维度 n_s 被设置为 $6 \times 6 \times 9 = 324$，运动特征的描述子的维度 D_m 被设置为 $9 \times 9 \times 4 = 324$。而形状运动特征的描述子 D_{sm} 是由经过 L_2 范数归一化处理的形状特征与运动特征的描述子 D_s 与 D_m 拼接而成。因此形状运动特征的描述子的维度为 $324 + 324 = 648$。

　　由于行为类别的多样性及复杂多变性，不同的行为类别可能包含相似的人体姿态。本书使用形状运动特征近似表征人体行为状态，运用聚类方法对特征进行层级聚类，将最终生成的特征类簇作为行为状态。如此形成的行为状态被多种不同的行为类别所共享。所提方法使用层级的 k 均值（k = 2）聚类算法（Bocker，2004）对形状运动特征进行聚类，其过程具体如下。首先，将所有的训练特征分配给层级聚类的根节点。其次将该节点的所有特征，使用 k 均值的聚类方法将其分为两组，分别将其分配给该节点的两个子节点。然后，使用相同的方法将子节点分割为两个节点，直到每个节点的特征数目足够小或树达到一定的深度，停止该过程。随着节点的分割，层级聚类最终生成了一个二叉树。在层级聚类的过程中，聚类的中心都被视为树结构的节点，并且二叉树的每个叶子节点都被看作一个行为状态。本章将该树称为行为状态二叉树。该二叉树结构提高了行为状态的查询速度。

　　行为状态二叉树的深度是由两个约束条件决定的。第一个约束条件为，对于行为状态二叉树的每个节点，若归属于它的形状运动特征向量的数目小于一个固定值，则该节点停止分裂过程。第二个约束条件为设定行为状态二叉树的最大深度，当树节点的分裂达到树的最大深度时，不管各节点是否满足第一个约束条件，所有达到最大深度的节点停止分裂。在构建行为状态二叉树的过程中，所提方法通过欧式距离的度量方式使用 k 均值聚类生成了许多行为状态，即行为状态二叉树的叶子节点。据此，记录训练集中的每个形状运动特征的行为状态标签。

4.3.3　行为状态序列表征

　　根据上述描述，在构建行为状态二叉树的过程中，获得了训练集中每个形状运动特征向量的行为状态标签。如此，训练集中的每个行为视频便可直接使用形状运动特征的行为状态标签序列来表征。对于测试视频，则首先按照如图 4-1 所示的方法定位视频行为的兴趣区域，提取兴趣区域的形状运动特征描述，将视频行为表示为形状运动特征序列。其次，对每个形状运动特征的描述，基于行为状态二叉树使用深度优先遍历的方法，查询与该特征距离最近的叶子节点，并将最近的叶子节点的行为状态标签分配给该形状运动特征向量。行为状态二叉树的节点与查询形状运动特征的距离定义为：归属于树节点的所有形状运动特征的类簇中心与查询形状运动特征的欧式距离。当查询到测试视频的每个形状运动特征的行为状态标签后，测试视频行为则可以表征为行为状态序列。

4.4　基于倒排索引表的行为识别

不同于那些在行为识别的过程中，为每种行为类型分别训练一个分类器的行为识别算法，本章提出了一种基于倒排索引表的新的对多类行为进行识别的判别准则。根据前文的描述，基于构建的行为状态二叉树，可以快速地将行为视频表征为行为状态序列。根据训练集中的行为状态序列及其行为类别标签，可以构建行为状态倒排索引表和行为状态转换倒排索引表。对于测试集中的视频行为的行为状态序列表征，可以通过查询行为状态倒排索引表和行为状态转换倒排索引表，来计算各行为状态与行为状态转换对隶属于各种行为类别的可能性的分值向量。行为状态分值向量表示的是，行为状态序列的所有行为状态属于各行为类别的概率值之和组成的分值向量。行为状态转换对的分值向量表示的是，行为状态序列的所有行为状态对属于各行为类别的概率值之和组成的分值向量。最终，所提方法根据行为状态分值向量与行为状态转换对的分值向量来识别行为的类别。下面对构建倒排索引表与计算分值向量的过程进行详细介绍。

4.4.1　倒排索引表

类似于文件检索系统中使用的倒排索引方法，本章所提方法使用行为状态倒排索引表与行为状态转换倒排索引表进行行为识别。所提方法类似地将行为视频的行为状态序列表征视为一个文件，将行为状态序列表征中的每个行为状态及行为状态转换对视为文件单词，然后通过查询两个倒排索引表，对行为状态序列的类别进行识别。

所提算法根据训练集中的数据样本构造了两个倒排索引表，行为状态倒排索引表与行为状态转换倒排索引表。首先，根据训练集中行为样本的行为状态序列表征及行为类别标签，构造行为状态索引表与行为状态转换索引表。然后，根据这两个表构建对应的倒排索引表。构造倒排索引表的过程如图 4-2 所示。其具体构建过程如下，首先，按照前文所提的方法，将训练集中的行为视频表征为行为状态序列。对包含 n 种行为类别的训练集，其所有的行为状态组成了行为状态集 S。训练集中的行为类别 A_i 的任意一个行为视频 j 的行为状态序列表征为 A_{ij}。如果该行为视频的帧长为 f，则行为状态序列表征 A_{ij} 的长度为 $f-1$。

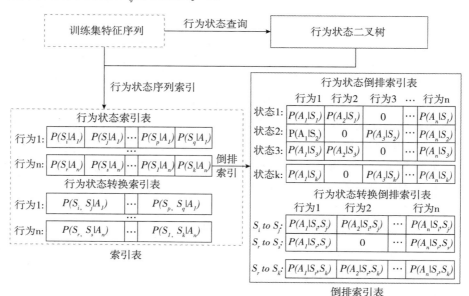

图 4-2　构建行为状态倒排索引表与行为状态转换倒排索引表

对每种行为类别，收集该行为类别所有训练视频的行为状态序列中出现的行为状态与行为状态转换对，并利用它们计算该行为类别中出现各状态、各状态转换对的概率。对任意行为类别 A_i，该行为类别的行为状态集记为 S_{A_i}，行为状态转换对集记为 ST_{A_i}。在行为类别 A_i 的状态集中，行为状态 S_j 出现的次数记为 $|S_{A_i}^j|$，行为状态转换对 (S_k, S_l) 出现的次数记为 $|ST_{A_i}^{kl}|$。那么，在行为类别 A_i 的行为实例中，出现行为状态 S_j 的条件概率可以写为如下形式：

$$P(S_j|A_i) = |S_{A_i}^j| / |S_{A_i}| \tag{4-1}$$

其中，$|\cdot|$ 指集合中元素的个数。类似地，行为状态转换对 (S_k, S_l) 的条件概率为：

$$P((S_k, S_l)|A_i) = |ST_{A_i}^{kl}| / |ST_{A_i}| \tag{4-2}$$

在一个行为状态序列中，如果连续的两个行为状态是相同的，即没有发生状态转换，则其状态转换的条件概率为 0，即：

$$P[(S_k,S_k)|A_i]=0 \qquad (4-3)$$

计算出每种行为类别的所有行为状态的条件概率与行为状态转换对的条件概率，便形成了各行为类别的行为状态索引表与行为状态转换索引表。这两个索引表如图 4-2 中左边用虚线矩形框框定部分所示。

根据构建的行为状态索引表与行为状态转换索引表中的条件概率数据，可以构造行为状态倒排索引表与行为状态转换倒排索引表。在构建倒排索引表的过程中，所提方法归一化了每个行为状态以及每个行为状态转换对出现时，各种行为类别的发生概率。不考虑训练集中各种行为类别的具体样本数目，假定各行为类别的行为实例发生的概率相同，为 $P(A_i)=1/n,(i=1,\cdots,n)$。那么，在行为状态倒排索引表中，当行为状态 S_j 出现时，属于行为类别 A_i 的行为实例发生的概率为 $P(A_i\mid S_j)$，其计算公式如下：

$$
\begin{aligned}
P(A_i\mid S_j) &= \frac{P(A_i,S_j)}{P(S_j)} \\
&= \frac{P(S_j\mid A_i)P(A_i)}{\sum_{k=1}^{n}P(A_k,S_j)} \\
&= \frac{P(S_j\mid A_i)P(A_i)}{\sum_{k=1}^{n}P(S_j\mid A_k)P(A_k)} \\
&= \frac{P(S_j\mid A_i)/n}{\sum_{k=1}^{n}P(S_j\mid A_k)/n} \\
&= \frac{P(S_j\mid A_i)}{\sum_{k=1}^{n}P(S_j\mid A_k)}
\end{aligned}
\qquad (4-4)
$$

按照同样的计算方法，可以推导出行为状态转换对 (S_k,S_l) 发生时，行为类别 A_i 的行为实例发生的概率为，

$$P[A_i\mid(S_k,S_l)]=\frac{P[(S_k,S_l)\mid A_i]}{\sum_{k=1}^{n}P[(S_k,S_l)\mid A_i]} \qquad (4-5)$$

使用计算式（4-4）与式（4-5）计算出所有行为状态与行为状态转换对出现时，各种行为类别的行为实例发生的概率，便可构建行为状态倒排索引表与行为状态转换倒排索引表。这两个倒排索引表如图 4-2 中右边底

部实线矩形框框定部分所示。

4.4.2　行为识别的分值向量

根据构建的倒排索引表，能够快速地对多类行为进行识别。行为识别的快速进行在于所提方法定义的用于行为识别的分值向量函数。该分值向量函数由两部分组成，即行为状态分值向量函数 $\Phi_S(x)$ 与行为状态转换分值向量函数 $\Phi_{ST}(x_1, x_2)$。行为识别的具体过程如图 4-3 所示。在该图的第一行中，浅色虚线箭头显示的是分值向量函数中的权重 a 的训练过程。$\Phi_S(x_1)$ 与 $\Phi_{ST}(x_1, x_2)$ 是对应的两个分值向量函数，x_1 与 x_2 是两个行为状态。在该图的第二行，深色虚线箭头展示的是对行为状态倒排索引表中的行为状态的查询，实线箭头展示的是对行为状态转换倒排索引表中的行为状态转换对的查询。

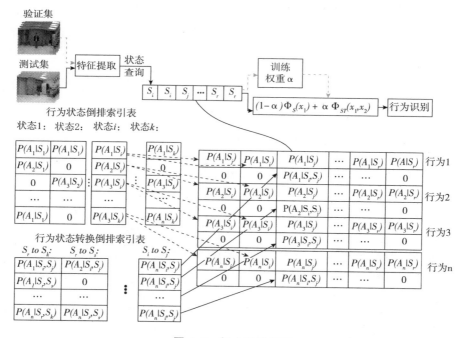

图 4-3　行为识别框架

首先详细介绍一下构建的分值向量函数的两个组成部分。对于行为状态分值向量函数 $\Phi_S(x)$，x 是一个行为状态。如果 $x \in S$，那么 $\Phi_S(x)$ 的

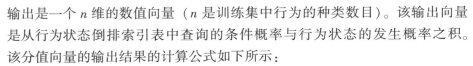

输出是一个 n 维的数值向量（n 是训练集中行为的种类数目）。该输出向量是从行为状态倒排索引表中查询的条件概率与行为状态的发生概率之积。该分值向量的输出结果的计算公式如下所示：

$$\Phi_S(S_i) = (P(A_1|S_i)P(S_i), P(A_2|S_i)P(S_i),$$
$$P(A_3|S_i)P(S_i), \cdots, P(A_n|S_i)P(S_i))^T \tag{4-6}$$

通过行为状态二叉树，可以快速有效地识别提取的形状运动特征的行为状态标签，在识别一个行为状态序列时，行为状态 S_j 对于所有的行为类别具有相同的先验概率 $P(S_j)$。因此，行为状态的分值向量可以改写为如下形式，

$$\Phi_S(S_i) = P(A_1|S_i), P(A_2|S_i), P(A_3|S_i), \cdots, (P(A_n|S_i))^T \tag{4-7}$$

对于行为识别的分值向量函数的第二个重要组成部分，行为状态转换分值向量函数 $\Phi_{ST}(x_1, x_2)$，(x_1, x_2) 是行为状态序列中的任意行为状态转换对。该分值向量的输出仍然是一个维度为 n 的数值向量。它是通过查询行为状态转换倒排索引表计算得到的。类似于行为状态分值向量，其输出结果可以表示为如下形式：

$$\Phi_{ST}(S_i, S_j) = (P(A_1|(S_i, S_j)), P(A_2|(S_i, S_j)),$$
$$P(A_3|(S_i, S_j)), \cdots, P(A_n|(S_i, S_j)))^T \tag{4-8}$$

对于一个测试行为视频，假定其视频帧长为 f，则该行为视频可以表征为行为状态序列 $V = (S_i, S_i, S_j, \cdots, S_r, S_r)$。对该行为状态序列进行行为识别的分值向量函数的计算公式如下所示：

$$F(V) = (1-\alpha) \sum_{i=1}^{f-1} \Phi_S(V(i)) + \alpha \sum_{i=1}^{f-1} \Phi_{ST}(V(i-1), V(i))$$
$$= (1-\alpha)\Phi_S(V) + \alpha\Phi_{ST}(V) \tag{4-9}$$

其中，$f-1$ 是行为状态序列的长度，$V(i)$ 是行为状态序列中的第 i 个行为状态 [定义 $V(0) = V(1)$]，α 是学习到的行为状态转换函数相对于行为状态函数的权重。关于权重 α 的学习的具体信息将在下一部分进行详细描述。行为识别的分值向量函数 $F(V)$ 的输出与行为状态分值向量函数和行为状态转换分值函数的输出维度相同，都是维度为 n 的数值向量。

行为识别的分值向量函数 $F(V)$ 的输出向量的每个分量，都是行为状态序列被识别为对应行为类别的得分值。若对该输出向量进行 L_1 范数归一化，则其每个分量可以认为是将行为状态序列识别为对应行为类别的概率。为简单起见，在进行识别时，所提方法不对其进行归一化，而是直接取输

出分值向量的最大分量的下标，作为识别的测试行为视频的行为类别标签 c^*。其识别公式如下所示：

$$c^* = \arg \max_i F_i(V) \tag{4-10}$$

4.4.3　权重学习

图 4-3 的第一行展示了行为识别的分值向量函数 $F(V)$ 中的权重 α 的学习过程。在行为识别函数中，权重 α 调节了行为状态分值向量函数与行为状态转换分值向量函数对行为识别的重要性。该权重是通过梯度下降算法（Avriel，2003；Snyman，2005）训练学习的。首先，在设置了 α 的初值之后，所提方法计算了对验证集中所有行为视频进行行为识别的分值向量函数；然后，根据行为的识别结果与行为类别标签的真实值更新权重 α；交叉重复这两个过程，直到行为识别的损失函数收敛到最小值或只在一个很小的范围内变动。

所提方法定义了利用分值向量进行行为识别的损失函数，其公式具体如下所示：

$$E = \frac{1}{2} \sum_{i=1}^{g} (1 - F_{c_i}(V_i) / \| F(V_i) \|_1)^2$$

$$= \frac{1}{2} \sum_{i=1}^{g} (\alpha(\Phi_{S_{c_i}}(V_i) - \Phi_{ST_{c_i}}(V_i)) / \| F(V_i) \|_1 + 1 - \Phi_{S_{c_i}}(V_i) / \| F(V_i) \|_1)^2 \tag{4-11}$$

其中，V_i 是行为数据库验证集中的行为视频的行为状态序列表征，g 是验证集中行为视频的数目，c_i 是识别的行为状态序列表征 V_i 的类别标签；$F_{c_i}(V_i)$、$\Phi_{S_{c_i}}(V_i)$ 与 $\Phi_{ST_{ci}}(V_i)$ 分别是输出向量 $F(V_i)$、$\Phi_S(V_i)$ 与 $\Phi_{ST}(V_i)$ 的第 c_i 个分量，$\| F(V_i) \|_1$ 是 $F(V_i)$ 的 L_i 范数。

权重学习的目的是找到最优的 α 值使损失函数的值最小，也就是找到最优的 α，以确保行为识别的分值向量函数能够对行为进行正确分类。损失函数相对于 α 的梯度如下所示：

$$\frac{\partial E}{\partial \alpha} = - \sum_{i=1}^{g} (\| F(V_i) \|_1 - F_{c_i}(V_i)) \{ \| F(V_i) \|_1(\Phi_{ST_{c_i}}(V_i) -$$

$$\Phi_{S_{c_i}}(V_i)) - F_{c_i}(V_i)(\Phi_{ST}(V_i) - \Phi_S(V_i)) \} / \| F(V_i) \|_1^3 \tag{4-12}$$

通过下面的公式，所提算法对权重 α 进行更新操作，即：

$$\alpha = \alpha + \rho\left(-\frac{\partial E}{\partial \alpha}\right) \qquad (4-13)$$

其中，ρ 为更新操作的步长参数。权重 α 的学习算法如算法 1 所示。其中，ϵ 是实验性设置的一个比较小的阈值。所提方法使用梯度下降的批处理算法对 α 进行学习。其具体过程如算法 1 所示。

Algorithm 1 权重 α 的学习算法

Input：
　　$V_i, c_i, \Phi_S(V_i)\Phi_{ST}(V_i),$
　　$i \in (1, 2, 3, \cdots, g).$

Output：
　　$\alpha.$

1：初始化，$\alpha = 0.5, E_{pre} = E = 0$；
2：repeat
3：$Epre = E$；
4：for $i = 1, 2, \cdots, g$ do
5：使用式（4-9）计算 $F(V_i)$；
6：end for
7：$E = \dfrac{1}{2} \displaystyle\sum_{i=1}^{g} (1 - F_{c_i}(V_i) / \parallel F(V_i) \parallel_1)^2$；
8：基于式（4-12）计算梯度 $\dfrac{\partial E}{\partial \alpha}$；
9：更新 α：$\alpha = \alpha + \rho\left(-\dfrac{\partial E}{\partial \alpha}\right)$；
10：until $|E - E_{pre}| < \epsilon$；
11：return α.

4.5　实验

本章在四个公用行为数据库上进行了大量的实验，验证了所提算法的有效性。这四个数据库为 Keck Gesture 数据库（Lin，2009）、Weizmann 行为数据库（Blank，2005）、KTH 行为数据库（Schuldt，2004）和 UCF Sports 行为数据库（Rodriguez，2008）。这四个行为数据库包含的类型比较全面，包含了小规模的数据库，也包含了大规模的数据库，除了控制场景下拍摄的日常行为数据库，还包含了真实场景下的运动行为数据库。下面对实验进行详细的介绍与分析。

4.5.1 Keck Gesture 数据库

在本书的第三章，已经对 Keck Gesture 数据库进行了详细介绍。该数据库共包含 14 种行为，许多行为都比较相似。为了验证所提算法的有效性，首先本章在 Keck Gesture 行为数据库的训练集上，进行了行为识别实验，该实验称为静态背景场景下的行为识别。为了进一步验证所提算法在动态有干扰场景下的行为识别，本书又在整个 Keck Gesture 行为数据库上进行了行为识别实验，该实验称为动态背景下的行为识别。后面的章节对这两个实验分别进行了详细的介绍。

4.5.1.1 静态场景中的行为识别

将 Keck Gesture 行为数据库的训练集作为一个静态场景下拍摄的行为数据库，使用 Leave-one-person-out 的实验方法来验证所提多类行为识别算法。该实验的设置与文献（Lin，2009）中在该数据库上的实验设置相同。图 4-4 展示了在该数据库上进行行为识别的混淆矩阵。从图中可以看出，所提算法能够对绝大部分的行为类型进行有效识别。这验证了所提算法在行为识别方面的有效性。

但是，所提方法对该数据库的第 8 种行为 "stop both" 与第 14 种行为 "come near" 的某些行为实例进行了误判。这些行为实例被误识别为第 11 种行为 "go back"。从第三章显示的该数据库的行为样本中可以看到，这三种行为的运动模式非常相似，这导致它们共享一些相同的行为状态，甚至共享一些相同的行为状态转换对。在这三种行为的识别过程中，行为状态与行为状态转换对两项约束保证了对大部分行为的正确识别。但是由于这三种行为比较相似，仍出现了对一些行为实例进行误判的情况。

此外，该数据库的第 12 种行为 "close distance" 的识别率比较低，该行为的部分行为实例被识别为第 5 种行为 "flap"。这是因为这两种行为比较相似，它们共享了一些行为状态。而且，构成这两种行为类型的行为状态比较少，这导致了行为状态转换分值向量函数在行为识别过程中的区分能力比较弱。但是，对于该数据库的大部分行为，所提算法设计的行为状

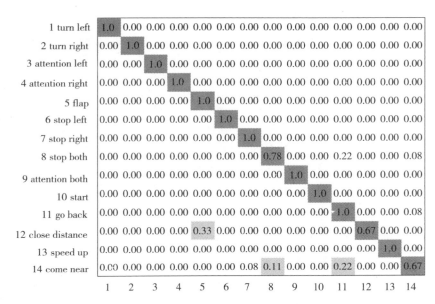

图 4-4　Keck Gesture 数据库静态场景下行为识别的混淆矩阵

态与行为状态转换约束仍然能够对行为进行正确识别。

　　在该实验中，用于静态场景下的行为识别的视频数据比较少，不存在多余的行为视频数据，以用于行为识别的分值向量函数中权重 α 的训练学习。因此，该实验经验性地设置了参数 α = 0.81，且获得较好的实验效果。在表 4-1 中，展示了该行为识别实验的两个平均识别率。这两个识别数据分别是在考虑了行为状态转换分值向量函数与完全不考虑行为状态转换分值向量函数的情况下获得的。从表 4-1 中可以看出，行为状态转换的约束对行为识别具有较大的影响。

表 4-1　行为状态转换函数对 Keck Gesture 数据库静态场景下行为识别的影响

$α^a$	0	0.81
平均识别率	91.27 %	93.65 %

注：$α^a$ 是学习到的行为状态转换函数相对于行为状态函数的权重。

　　表 4-2 在行为识别率与识别时间方面，对所提的基于倒排索引表的方法与基于原型树（Prototype）（Jiang，2012）的方法进行了比较。在表 4-2

中，"depth"指实验中设置的行为状态二叉树的深度，"prototype"指实验中设置的 prototype 的个数。表 4-2 中的平均识别时间，指在将行为状态序列与 Prototype 序列计算出以后进行行为识别所消耗的平均时间。多类行为识别这一栏指示使用的行为识别算法是否是真实正意义上的多类行为识别方法，若是基于为每种行为类别单独训练一个分类器的多类行为识别方法则标记为"N"；否则，标记为"Y"。在本章后续的一些表格中，这些参数具有相同的意义。从表 4-2 中可以看出，本章所提的方法是真正意义上的多类行为识别算法，而且该方法与基于单类行为识别算法进行多类行为识别的原型树（Jiang，2012）算法相比，获得了可相比拟的行为识别效果。尽管基于原型树的行为识别算法获得了稍高的识别率，但是本章所提算法的执行速度比较快。

表 4-2　所提算法与基于 Prototype 的行为识别算法在 Keck Ges- ture 数据库静态场景下的行为识别实验中的比较

方法	平均识别率（%）	平均识别时间（ms）	多类行为识别
ours（depth=16）	93.65	3.5	Y
ours（depth=15）	92.86	3.6	Y
ours（depth=14）	91.27	2.9	Y
ours（depth=12）	92.86	2.7	Y
ours（depth=10）	92.06	2.6	Y
prototype（180）	95.24	25.6×14	N
prototype（140）	92.86	22.7×14	N
prototype（100）	92.86	25.6×14	N
prototype（60）	90.48	22.6×14	N
prototype（20）	90.48	21.8×14	N

4.5.1.2　动态场景中的行为识别

在 Keck Gesture 数据库中，动态场景下的行为识别的实验设置如下。该实验将 Keck Gesture 数据库的训练集分为两部分：第一部分为随机选择的两个行为执行者的所有训练集中的行为视频，将其用于构建行为状态二叉树与倒排索引表；第二部分为训练集中剩余的行为视频，将其作为验证集训

练权重 α。Keck Gesture 数据库的测试集是在动态场景下拍摄的，该实验将其用于动态场景中行为识别的测试数据集。

动态场景中行为识别实验的混淆矩阵如图 4-5 所示。从该图中可以看出，第 6、7、11 类和第 14 类行为的识别率明显低于其他行为，出现这种情况的部分原因是动态背景下的场景比较混乱并且存在遮挡。但是，最重要的原因是第 6 类行为与第 7 类行为比较相似，第 11 类行为与第 14 类行为比较类似。从该数据库的行为实例中可以看出这两组行为模式非常相似，这导致了这些行为共享一些行为状态。因此这两组行为之间存在误判。同样这两种原因也导致了第 6 种行为与第 13 种行为，第 11 种行为与第 12 种行为之间的误判情况的发生。

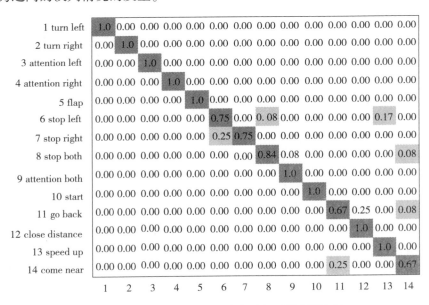

图 4-5　Keck gesture 数据库行为识别的混淆矩阵

表 4-3 在 Keck Gesture 数据库上，将所提算法与其他行为识别算法进行了比较。从表中可以看出，相比于其他算法，所提算法获得了较好的识别效果。主要原因是所提算法在行为识别的过程中，不仅考虑了局部的形状运动特征，还约束了这些形状运动特征对之间的转换（行为状态转换）情况。此外，该实验结果还说明了所提算法对动态背景及存在遮挡等情况下的行为识别具有较大的适应性。当然，对权重 α 的训练学习也是取得较好

的行为识别效果的重要原因之一。通过查询倒排索引表,所提多类行为识别算法进行行为识别的速度明显快于其他算法。

表 4-3　Keck Gesture 数据库中行为识别算法的比较

方法	平均识别率（%）	平均识别时间（ms）	多类行为识别
ours（depth=18）	89.88	3.5	Y
ours（depth=17）	88.09	2.7	Y
ours（depth=16）	85.71	3.2	Y
prototype（180）	89.29	7.8×14	N
prototype（140）	82.14	7.3×14	N
prototype（100）	80.36	7.2×14	N
STIP+SVM	50.00	N/A	N

4.5.2　Weizmann 行为数据库

在本书第二章,已经对 Weizmann 行为数据库进行了详细介绍,该数据库共包含十种行为类别。在该数据库上,本章通过 leave-one-person-out 交叉验证的方式进行行为识别实验。该数据库规模比较小,不再对权重 α 进行学习,而是实验性地设置 $\alpha=0.82$。在表 4-4 中,所提方法通过实验数据展示了行为状态转换函数对行为识别的有效性。该实验通过统计的在 α 取不同值情况下的行为识别结果,说明了行为状态函数与行为状态转换函数对行为识别效果的共同影响。

表 4-4　行为状态转换函数对 Weizmann 行为数据库行为识别的影响

α^{a}	0	0.82
平均识别率	95.3%	98.89%

注: α^{a} 是学习到的行为状态转换函数相对于行为状态函数的权重。

表 4-5 通过在 Weizmann 行为数据库上进行的行为识别实验,比较了目前比较流行的一些行为识别算法。从表 4-5 中可以看出,相比于其他算法,本章所提算法获得了较好的行为识别效果。这是因为在其他算法只考虑了

局部特征的情况下，所提算法同时又考虑了局部特征之间的约束关系。该表格中的平均识别时间统计的是计算出行为状态序列之后进行行为识别所消耗的时间。

表 4-5　在 Weizmann 数据库中行为识别算法的比较

方法	平均识别率（%）	平均识别时间（ms）	多类行为识别
ours （depth = 12）	98.89	0.22	Y
ours （depth = 11）	96.67	0.20	Y
ours （depth = 10）	97.78	0.19	Y
Junejo	95.3	N/A	N
Thurau	94.4	N/A	N
Niebles	90	N/A	Y

4.5.3　KTH 行为数据库

在本书第三章，已经对 KTH 行为数据库进行了详细介绍，该数据库共包含六种行为。为了通过该数据库验证所提算法的有效性，本章对该数据库进行了两种实验设置。第一种，将该数据库的四个场景分为四个独立的子数据库，并分别在每个子数据库上进行行为识别。第二种实验设置为，将该数据库的四个场景作为一个较大的数据集整体进行行为识别实验。在该实验中为方便起见，所提方法利用文献（Lin，2009；Jiang，2012）对行为执行者的检测定位数据进行后续的行为识别实验。文献（Lin，2009；Jiang，2012）使用了基于码本的前景背景分割算法（Kim，2005）与基于 Kernel 的目标跟踪算法（Comaniciu，2003）对行为执行者进行检测与跟踪。

在对 KTH 行为数据库的四个场景分别进行行为识别的实验中，本章使用 leave- one-person-out 交叉验证的实验方法进行行为识别。该方法对每个场景下的视频样本组成的子数据库，每次实验都选择一个行为执行者的所有行为视频作为测试集，然后从剩余的视频中随机地选择 9 个行为执行者的视频作为验证集，其他的 15 个行为执行者的行为视频作为训练集。直到每个行为执行者的行为视频都被选择一次作为测试集，统计该实验的行为识别结果。

对四个场景下的行为视频进行行为识别的混淆矩阵如图 4-6 所示。这些混淆矩阵展示了本章所提的多类行为识别算法的识别能力。从图 4-6 中可以看出，在四种场景下，行为"boxing"的识别率都比较低。这是因为行为"boxing"与行为"handclapping""walking"和"running"的一些姿势比较相似，这些行为共享一些行为状态，而且行为"boxing"的行为状态种类比较少，因次，一些"boxing"的行为实例被误判为行为"handclapping""walking"或"running"。

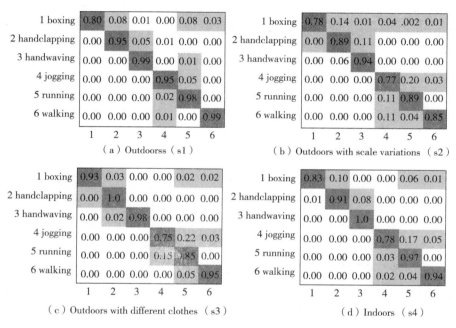

图 4-6　对 KTH 行为数据库的四个场景分别进行行为识别的混淆矩阵

表 4-6 通过 KTH 行为数据库的四个场景组成的四个子数据库，在平均识别率与识别速度方面比较了一些常用的行为识别算法的性能。从表中可以看出，所提算法获得了与那些基于单类行为分类器的行为识别算法可相比拟的识别效果，而且，所提算法的行为识别速度明显高于其他算法。值得一提的是，本章所提的算法是一个真正意义上的多类行为识别算法，在行为识别的执行效率上，该算法明显不同于那些基于多个单类行为分类器的多类行为识别算法。

表 4-6 在 KTH 数据库的四个场景中行为识别算法的比较

方法	s1	s2	s3	s4
ours （depth = 18）	94.3/0.22/Y[a]	85.3/0.20/Y	91.0/0.21/Y	90.5/0.21/Y
ours （depth = 17）	92.5/0.21/Y	84.7/0.19/Y	91.5/0.21/Y	91.5/0.20/Y
ours （depth = 16）	90.2/0.19/Y	83.5/0.21/Y	90.48/0.22/Y	90.5/0.21/Y
Zhuolin	96.8/5.4/N	85.2/7.2/N	92.3/4.8/N	85.8/6.6/N
Schindler	93.0/N/A[b]/N	81.1/N/A/N	92.1/N/A/N	96.7/N/A/N
Ahmad	94.4/N/A/Y	84.8/N/A/Y	89.8/N/A/Y	85.7/N/A/Y

注：a. 表格中的三个数据分别指"平均识别率（%）/ 平均识别时间（ms）/ 多类行为识别"，这三项的具体含义与其他表格相同。

b. "N/A"指示该项数据没有统计。

对于将 KTH 行为数据库的四个场景中所有数据作为一个整体进行行为识别的实验，本章仍然使用 leave-one-person-out 交叉验证的方式进行行为识别的实验。类似于对 KTH 行为数据库的每个场景单独进行行为识别的实验，该实验选择 19 个行为执行者的视频数据作为验证集，5 个行为执行者的视频数据作为训练集，其他的行为视频作为测试集。该行为识别实验的混淆矩阵如图 4-7 所示。在表 4-7 中，对比了所提算法与其他一些行为识别算法在 KTH 行为数据库上的识别效果。从图中可以看出，所提算法在行为识别方面具有较好的性能。

	1	2	3	4	5	6
1 boxing	0.91	0.02	0.03	0.00	0.01	0.03
2 handclapping	0.02	0.87	0.10	0.01	0.00	0.00
3 handwaving	0.00	0.04	0.96	0.00	0.00	0.00
4 jogging	0.00	0.00	0.00	0.74	0.21	0.05
5 running	0.00	0.00	0.00	0.06	0.94	0.00
6 walking	0.00	0.00	0.00	0.04	0.05	0.91

图 4-7 对 KTH 行为数据库进行行为识别的混淆矩阵

表 4-7　行为识别算法在 KTH 数据库上的识别性能的比较

方法	评估方法	平均识别率（%）	多类行为识别
ours（depth=18）	leave-one-out	88.83	Y
ours（depth=17）	leave-one-out	86.88	Y
ours（depth=16）	leave-one-out	83.16	Y
Ahmad	split	88.83	Y
Niebles	leave-one-out	83.33	N
Dollar	leave-one-out	81.17	N
Ke	split	80.9	N

4.5.4　UCF Sports 行为数据库

在本书第三章，已经对 UCF Sports 行为数据库进行了详细介绍，该数据库共包含十种行为类别。在该实验中，使用 leave-one-sequence-out 交叉验证的方式进行行为识别的实验。该数据库规模比较小，为方便起见，所提方法不再对权重 α 进行训练，而是实验性地设置 $\alpha = 0.83$。表 4-8 展示了是否考虑行为状态转换函数对行为识别结果的影响。该实验说明了行为状态函数与行为状态转换函数在行为识别中的有效约束性。

在该实验中，所提方法使用 UCF Sports 数据库中给出的行为执行者所在的真实位置区域（Ground Truth）构建行为状态二叉树与倒排索引表。在进行行为识别时，则采用与文献（Jiang，2012）相同的方法，对测试集中视频行为的行为执行者进行检测与跟踪。该实验使用行人检测算法（Felzenszwalb，2010）对行为执行者进行检测，后续采用基于 Kernel 的目标跟踪算法（Comaniciu，2003）对其进行跟踪。

表 4-8　行为状态转换函数对 UCF Sports 数据库行为识别的影响

α^a	0	0.83
平均识别率	83.56%	85.4%

注：α^a 是学习到的行为状态转换函数相对于行为状态函数的权重。

图 4-8 给出了对 UCF Sports 行为数据库进行行为识别的混淆矩阵。在

该图中，行为"kicking"与行为"running"的识别率比其他行为的识别率较低，这种情况部分是由于动态混乱的背景引起的。在特征提取的过程中，动态混乱的背景导致所提的特征区分度下降，进而增加了行为误判的可能性。在该数据库中，通过对行为视频的观测发现，行为执行者在进行"kicking"行为的时候，也执行了"running"行为，这是导致了二者存在一些误判的另一个原因。在表格 4-9 中，比较了各行为识别算法在 UCF Sports 行为数据库上的行为识别效果。表格中的实验结果数据验证了基于倒排索引表的行为识别算法的有效性。

	1	2	3	4	5	6	7	8	9	10
1 diving	0.93	0.00	0.00	0.00	0.00	0.00	0.00	0.00	0.07	0.00
2 swinging-1	0.00	0.88	0.00	0.00	0.00	0.00	0.06	0.00	0.00	0.06
3 kicking	0.20	0.00	0.65	0.00	0.00	0.05	0.10	0.00	0.00	0.00
4 lfting	0.00	0.00	0.00	1.0	0.00	0.00	0.00	0.00	0.00	0.00
5 horseriding	0.00	0.00	0.00	0.00	0.92	0.00	0.00	0.00	0.08	0.00
6 running	0.15	0.08	0.08	0.00	0.00	0.61	0.00	0.00	0.00	0.08
7 skateboarding	0.00	0.08	0.00	0.00	0.00	0.00	0.92	0.00	0.00	0.00
8 swinging-2	0.00	0.00	0.05	0.00	0.00	0.00	0.00	0.80	0.15	0.00
9 swinging-3	0.00	0.00	0.00	0.00	0.00	0.00	0.00	0.00	1.0	0.00
10 walking	0.00	0.00	0.06	0.00	0.00	0.00	0.11	0.00	0.00	0.83

图 4-8　对 UCF Sports 行为数据库进行行为识别的混淆矩阵

表 4-9　行为识别算法在 UCF Sports 数据库上的识别性能的比较

方法	平均识别率（%）	平均识别时间（ms）	多类行为识别
ours （depth = 15）	85.40	0.26	Y
ours （depth = 14）	83.56	0.20	Y
ours （depth = 13）	80.70	0.18	Y
Zhuolin	85.00	4.9	N
Rodrigurez	69.20	N/A[a]	N
Yeffet	70.20	N/A	N

注：a."N/A"指示该项数据没有统计。

4.5.5 时间复杂度

所提多类行为识别算法对视频行为进行识别的时间消耗主要包含四部分：① 提取形状运动特征；②查询提取的形状运动特征向量的行为状态标签；③计算行为状态分值向量与行为状态转换分值向量；④比较行为识别分值向量的各分量进行行为识别。下面，对各步骤的时间复杂度分别进行介绍。

对于形状运动特征的提取，本章使用文献（Jiang，2012）公布的形状运动特征的提取代码进行特征提取。当然，在此之前，所提方法已经使用行为检测与跟踪算法对行为执行者进行有效的定位。由于对行为执行者的定位，以及形状运动特征的提取不是本章的贡献，本章不再对这两个过程的时间复杂度进行分析。对于行为状态的查询过程，所提方法通过构建的行为状态二叉树给提取的形状运动特征分配行为状态标签。若行为状态二叉树的深度为 d，查询视频的帧长为 f，则对该查询视频的形状运动特征分配行为状态标签的过程，大致需要 $d{\times}f$ 次比较操作。

在计算识别行为的分值向量的阶段，所提方法首先通过查询行为状态倒排索引表与行为状态转换倒排索引表，找到各状态与各状态转换对对应于各行为类别概率，分别对其求和以获得行为状态分值向量与行为状态转换分值向量。然后根据训练得到的权重 α，通过二者的线性表达计算识别行为的分值向量函数。如果数据库中包含 C 种行为类别，通过前面的计算就得到了一个维度为 C 的分值向量。该过程大致需要 $2{\times}f$ 次直接查询操作、$C{\times}（2{\times}f-1）$ 次加法操作以及 C 次乘法操作。最终，根据求得的分值向量，所提方法通过比较该向量的各分量进行行为识别，该过程需要 $C-1$ 次的数值比较操作。

在表 4-2、表 4-3、表 4-5、表 4-6 和表 4-9 中，本章比较了所提算法与其他算法在各数据库上进行行为识别的时间消耗。从各表中可以看出，所提算法的行为识别速度明显高于其他行为识别算法。综上所述，所提多类行为识别算法的时间复杂度非常低。本章的所有实验均是通过 Matlab 实现的，并在配置为英特尔奔腾双核 CPU，主频为 2.93GHz 的 PC 设备上运行。文中各表格中展示的行为识别的平均时间均是在该情况下统计的。

4.6 本章小结

本章提出了一个新的快速的多类行为识别算法，该算法对行为执行者具有位移不变性和尺度不变性。该方法使各类行为共享行为状态，并能够通过查询行为状态二叉树，快速地对提取的形状运动特征进行行为状态标签分配，继而将视频行为表征为行为状态序列。此外，该算法基于两个倒排索引表设计了一个识别行为的分值向量函数，通过该函数可以快速地对多类行为进行分类识别。本章通过大量的实验验证了所提算法的有效性，以及对视频行为进行快速识别的能力。相比于其他的多类行为识别方法，该方法对训练样本数量的要求比较宽松，在训练样本比较充足或相对较少的情况下都能获得可接受的效果。而基于神经网络的多类行为分类方法需要大量的训练样本，否则，分类效果将会很差。

然而，该算法仍存在一个问题，即它无法对在同一视频序列中连续进行的多个行为类别进行分段识别。这也是目前绝大多数行为识别算法存在的问题，它们无法对连续的行为变换进行语义上的分段识别。此外，该算法基于传统的设计特征进行行为表征，设计特征可能会导致行为数据中的可区分性信息的遗漏。而基于神经网络的特征学习方法，则能够通过设计目标函数自动地学习有用的信息，这是特征表征的一大进步，在后续的章节，本书将通过深度神经网络学习的特征对行为进行表征，进而对行为进行分类识别。

第 5 章　基于时间缓慢不变特征学习的行为识别

　　本章针对复杂场景下的多类行为识别问题，提出了一种基于独立子空间分析网络进行时空特征学习的方法。混乱背景、遮挡和拍摄角度的变化等因素对特征的学习或提取会产生较大的影响，该方法利用神经网络在时间缓慢不变约束、稀疏约束和去噪准则等条件的限制下，学习了鲁棒稳定的特征。不同于其他的时空特征学习方法，所提方法将时空特征学习的统一体分割为空间特征的学习过程和对空间特征在空间维度与时间维度上进行池化的过程。该方法以一种新颖的方式提取了局部时空特征，并证实了空间特征在行为识别方面的有效性。大量的实验验证了提取的时空特征在多类行为识别方面的有效性。

5.1　相关研究及问题形成

　　传统的行为识别方法一般都使用人工设计特征，如 STIP（Laptev，2008；Dawn，2015）、Shape-Motion 特征（Pei，2013）、HOG3D 特征（Klaser，2008），以及人体骨架特征（Jiang，2014）等进行行为识别。行为识别的大量研究工作都聚焦于对时空特征的设计与提取。其中，许多成功的人工设计时空特征是从图像特征扩展而来的，这些方法将时空特征的空间特性与时间特征作为一个统一体进行提取，如三维梯度方向直方图特征 HOG3D（Klaser，2008）、Harris3D 特征（Laptev，2008）与 ESURF 特征（Willems，2008）等。另一种优秀的时空特征是通过图像特征与运动特征的组合形成的，这种方法对空间特征与时间特征（运动特征）分别提取，如联合了梯度方向直方图特征与光流特征直方图特征的 HOG/HOF 特征描述

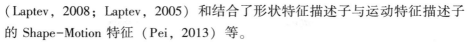

（Laptev，2008；Laptev，2005）和结合了形状特征描述子与运动特征描述子的 Shape-Motion 特征（Pei，2013）等。

这些人工设计特征在大量的公用行为数据库上，获得了非常好的行为识别效果。然而，在相当长的一段时间内，人工设计特征在行为识别领域上都没有什么较大的进展。与此同时，基于深度学习的语音识别与目标识别的研究获得了巨大的进步。随着深度学习技术的发展，许多科研人员将深度学习技术应用于行为识别领域。因此，一些基于时空特征学习方法在行为识别方面也开始崭露头角。基于深度学习的行为识别方法，可以充分利用大量的无标签的视频数据，以无监督（Larochelle，2007）或半监督（Vinod，2009）的方式进行特征学习。

目前，基于深度学习架构的行为识别方法大致可以分为两类，即基于无监督方式进行特征学习与半监督方式进行特征学习的行为识别方法。基于无监督方式进行特征学习的行为识别方法是从无标签的视频数据中学习时空特征，然后利用这些时空特征训练分类器进行行为分类识别。如文献（Le，2011）使用独立子空间分析网络学习不变的时空特征；文献（Chen，2010）与（Taylor，2010）分别通过卷积限制玻尔兹曼机与卷积门限限制玻尔兹曼机（Memisevic，2007）学习时空特征。半监督方式进行特征学习的行为识别方法是以一种半监督的方式利用训练的分类神经网络进行行为识别，这是一种端对端的处理方式。除分类层之外，该类神经网络的其他网络层次均是通过无监督的方式进行预训练的。如文献（Wang，2014）利用3D 卷积神经网络以端到端的方式进行行为识别。

这些基于深度学习的方法大多通过学习的 3D filters 与行为视频的卷积来提取特征。对于那些学习的时空特征来说，其空间特性与时间特性是紧密结合并且无法分割的。人工设计特征利用空间特征与运动特征的结合在行为识别领域取得了成功。目前还没有利用深度学习方法，分别进行空间域特征与时间域特征学习的行为识别方面的研究成果。近年来，出现了一些从静态图片中识别行为的研究工作（Sharma，2013；Delaitre，2010；Karlinsky，2010），这些研究工作证实了鲁棒有效的空间特征能够识别行为。此外，文献（Zou，2012）通过引入时间缓慢不变约束（Li，2008；Cox，2005），从视频数据中学习了一组空间特征，这些空间特征对较小的位移变化或形变具有鲁棒性。在目标分类识别实验中，这些特征使目标识别率获得了一致性的提高。

那么如何学习鲁棒的空间特征呢？一系列的实验（Zou，2012；Cox，2005）证实，关联连续序列数据中的低层特征，便能获得高层的视觉特征表征。该特征表征是缓慢变化的，且对一定程度上的运动变换具有较强的容忍性。时间缓慢分析（Temporal Slowness Analysis）是一种有效地进行不变特征学习的方法。随着深度学习技术的发展，文献（Vincent，2010）重新给出了优秀特征表征（Good Representation）的隐式定义。他们认为，一个Good Representation，不仅可以鲁棒地从被污损的数据（部分污染）中获取，而且应该能够根据该表征恢复出对应的干净数据。在他们的实验中，他们利用自编码网络通过给输入数据添加噪声的方式学习了鲁棒的特征表征。显然，在行为识别中，一个优秀的特征表征也应该是鲁棒的。行为执行者的服饰、混杂背景和遮挡等因素都可能影响行为的识别效果。在特征学习的过程中，引入去噪准则（Vincent，2010）（Denoising Criterion），可以使学习的特征更加鲁棒，并有效提升行为的识别效果。

受这些研究工作的启发，本章试图利用鲁棒变化的空间特征序列表示行为的时空特征，并利用这些时空特征进行行为识别。所提方法将空间特征的学习过程与时空特征的池化处理分割开来，一方面验证了空间特征在行为识别方法的有效性，另一方面证实了变化的空间特征序列表示了时空特征。本章利用引入时间缓慢约束（Temporal Slowness Constraint）与去噪准则（Denoising Criterion）的独立子空间分析网络，学习了一组鲁棒有效的空间特征。该方法与文献（Le，2011；Zou，2012）的工作有些相似，它们都是基于独立子空间分析网络进行特征学习。然而，文献（Le，2011；Zou，2012）直接使用堆叠的独立子空间分析网络从视频块数据中学习不变特征。与它们不同的是，该方法更改了独立子空间网络，在训练学习的过程中引入了特征约束，使学习的特征更为鲁棒有效。此外，所提方法将时空特征的学习分割为两个独立的部分，分别进行空间特征的学习与时空特征的池化处理，这完全不同于以往的时空特征提取或方法学习。

5.2　方法概述

本章提出了一种利用独立子空间分析网络（Independent Subspace Analysis

Network）进行局部时空特征学习的行为识别方法。该方法将时空特征的学习分为两个过程，即空间特征的学习过程与对空间特征序列进行池化处理的过程。首先，从行为视频中密集地采样视频块，并采用局部对比归一化（Local Contrast Normalization）方法（Jarrett，2009）对视频块进行归一化处理。然后，在时间缓慢不变规则化与稀疏规则化的约束下，使用 Denoising ISA 神经网络从这些归一化处理的视频块中学习不变的鲁棒的空间特征。利用训练好的神经网络从采样更大的视频块中提取空间特征序列，并从时间维度与空间维度上对这些空间特征序列进行池化处理。如此，较大的视频块被表征为局部时空特征。最后，使用 Bag-Of-Feature 的方法（Wang，2010）对提取的局部时空特征进行组织，将行为视频表征为局部时空特征的直方图向量。根据这些行为表征为每种行为类别训练支持向量机分类器，并采用一对多的分类策略进行行为识别。

　　本章的贡献体现在多个方面。首先，该方法通过引入时间缓慢不变规则化与稀疏规则化约束，利用 Denoising ISA 神经网络，从视频数据中学习了一组鲁棒的空间特征。其次，基于多种特征池化策略，该方法验证了提取的空间特征序列可以成功有效地识别行为。最后，大量的实验结果验证所提行为识别方法的有效性，也证实了鲁棒的空间特征可以有效地识别行为。

5.3　时间缓慢不变特征学习及池化

　　该部分详细介绍了时间缓慢不变特征的学习框架，以及对提取的特征序列进行池化处理的过程。所提方法学习的时间缓慢不变特征，是指利用神经网络在时间缓慢不变约束下，从行为视频中学习的空间特征。首先，本书对空间特征的学习模块进行详细介绍。该模块介绍了如何利用神经网络从视频块数据中学习对行为识别有效的时间缓慢不变特征。文献（Zou，2012）曾从视频数据中学习空间特征，并将其成功地用于目标分类。本章则使用了一种改进的神经网络从行为视频中学习空间特征，然后通过几种不同的池化策略对提取的空间特征序列进行池化处理，并利用生成的时空特征对行为进行识别。

5.3.1 空间特征学习

独立子空间分析（Independent Subspace Analysis）网络（Hyvarinen, 2009）是一个两层的神经网络，其第一层网络与第二层网络分别是一个平方非线性网络与平方根非线性网络。该网络第一层的权重 W 是通过学习的方式获得的，而第二层网络的权重 V 则根据网络结构的设计被设置为固定的。固定权重 V 表征了第一层网络中的众多神经元的子空间结构。为了提高所学特征的鲁棒性，在训练权重 W 的学习过程中，所提方法对输入数据添加了一些随机的噪声。因此，该网络被称为 Denoising ISA 神经网络。利用该网络进行空间特征学习的网络架构如图 5-1 所示。在图 5-1 中，网络最底层的神经元表示的是输入模式 x^t，向输入数据中添加随机噪声，获得了污损的输入数据 $\tilde{x}^t$。图中 ● 神经元表示的是简单单元 z^t，● 神经元表示的是池化单元 p^t。从图中的 ISA 网络的架构可以看出，图中设置的子空间的尺度为 2，即每个池化单元都是从两个相邻的简单单元中池化而来。

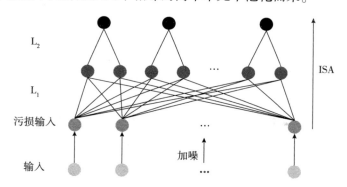

图 5-1   Denoising ISA 神经网络的网络架构

在训练如图 5-1 所示的特征学习模块的神经网络时，随机地从行为视频中采样视频块，并将其作为特征学习模块的输入数据。为了减少视频块中的相邻像素值之间的关联性，所提方法对每个视频块执行局部对比度归一化（Jarrett，2009）（LCN）操作。对一个视频块进行局部对比归一化处理的结果如图 5-2 所示。图 5-2（a）展示了视频块中的目标随图像帧缓慢移动的情形，图 5-2（b）展示的是局部对比归一化处理后的视频块图像序列，在本书中，LCN 处理的归一化核的尺寸被确定为 9×9。从行为视频样本中随机的采样尺寸为 $(n_w+8)\times(n_w+8)\times T$ 的视频块，利用 LCN 对每个视频块处理之后，其尺寸为 $n_w\times n_w\times T$。在本章中，这种尺寸的被归一化方法处理过的视频块称为基本视频块单元（basic video cube）。在实验中，所提方法利用这些基本视频块单元作为特征学习模块的输入数据，对特征学习网络架构进行训练。在本书中，这些基本视频块单元的尺寸参数被设置为 $n_w=$ 24 和 $T=5$。

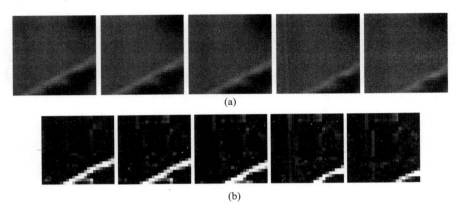

(a)

(b)

图 5-2　（a）视频块的图像序列；（b）LCN 处理后的视频块图像序列

对于基本视频块单元 x_s，将其图像序列中的第 t 帧图像记为 x_s^t。利用如图 5-1 所示的神经网络，对输入数据进行一次前馈处理，图像帧 x_s^t 被表示为 p_s^t。p_s^t 的每一个组成单元 p_{si}^t 是通过下式进行计算的，

$$p_{si}^t = \sqrt{\sum_{k=1}^{M} V_{ik}\left(\sum_{j=1}^{N} W_{kj}\tilde{x}_{sj}^t\right)^2} \tag{5-1}$$

其中，M 是 ISA 神经网络中第一层神经元的个数，N 是图像帧 x_s^t 中像素值的个数，V 是用来表征 ISA 神经网络第一层神经元的子空间结构的固定权重，W 是 ISA 的第一层神经网络学习的权重，$\tilde{x}_{sj}^t$ 是输入模式的一个组成单元 x_{sj}^t 被污损后的数据。

在式（5-1）中，所提方法使用污损的输入数据 $\tilde{x}_s^t$ 来代替初始的输入数据模式 x_s^t，这与 Denoising Autoencoder（Vincent，2010）中使用添加噪声的输入数据的意图是一样的。正如文献（Vincent，2010）中所描述的，一个优秀的特征表征是可以鲁棒地从污损的输入数据中获取的，而且该特征表征可以用于相应的干净数据的恢复。本章意图从行为视频样本中学习鲁棒

的特征表征，而去噪准则（Denoising Criterion）的引入则有助于学习稳定的鲁棒的特征表征。行为识别的效果非常容易受到服饰和混杂背景等因素的影响，因此鲁棒稳定特征的学习对行为识别大有裨益。

如前文所述，所提方法将基本视频块单元的图像帧的数目设定为 T。对于基本视频块单元 x_s，在引入时间缓慢不变约束与稀疏约束的情况下，利用 Denoising ISA 神经网络对其进行重建的损失函数定义如下：

$$L_s(x_s, W) = \sum_{t=1}^{T} \parallel x_s^t - W'W\tilde{x}_s^t \parallel_2^2 + \lambda \sum_{t=1}^{T-1} \parallel p_s^t - p_s^{t+1} \parallel_1 + \gamma \sum_{t=1}^{T} \parallel p_s^t \parallel_1$$

(5-2)

其中，W' 是权重矩阵 W 的转置。该损失函数的第一项是重建误差，它有助于避免学习特征的退化；第二项是时间缓慢不变规则化项，该项约束视频块的每帧图像的特征表征，使其缓慢变化；第三项是稀疏规则化项，该项约束使学习的特征表达比较稀疏。参数 λ 与 γ 对应于两个规则化项的系数。

损失函数（5-2）的第二项，时间缓慢不变规则化项，约束了学习特征使其随时间缓慢变化。对于从行为视频中采样的视频块中的图像序列，其中的目标在各图像帧中存在小范围的位移变化或微弱的形变。如图 5-2 的子图（a）所示，视频块的图像序列中的目标随图像帧缓慢移动。在引入时间缓慢不变约束的情况下，所提方法从该类视频块中学习了对局部位移具有一定程度上的不变性的特征表达。式（5-2）的最后一项是稀疏规则化项，该项有效地解决了特征学习过程中特征的超完备性带来的特征退化。这两个规则化项的共同约束有助于鲁棒优秀特征的学习。

所提方法通过解决如下的最小化问题，学习了权重 W，即：

$$\min_W \sum_{s=1}^{S} L_s(x_s, W)$$

(5-3)

其中，S 是从训练集中随机采样得到的基本视频块单元的数目。由于式（5-2）的第二项和第三项是 L_1 范数规则化项，该目标函数是不可微的。但是，对该目标函数优化 W 的问题是一个 L_1 范数规则化的最小二乘问题，本章使用专门设计的用来解决该优化问题的解决方法（Lee，2006；Andrew，2007）来解决该最小化问题。

5.3.2　空间特征的可视化

以无监督的方式利用从训练集中采样得到的基本视频块单元，解决了 L_1 范数规则化的最小二乘问题之后，本章形象化地展示利用 Denoising ISA 神经网络学习的空间特征。如前文所述，基本视频块单元的尺寸为 $n_w \times n_w \times T$，那么，学习的空间特征的尺寸是 $n_w \times n_w$。在图 5-3 中，展示了学习的三组空间特征的部分特征。这些特征是通过不同的神经网络或使用相同的神经网络在引入不同的规则化项约束的情况下学习的。在本章中，这些特征的尺寸被设置为 24×24。

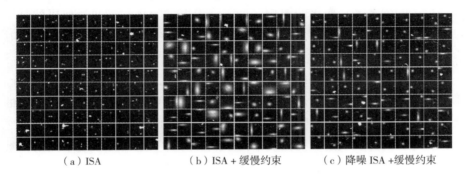

（a）ISA　　　　　（b）ISA + 缓慢约束　　　　（c）降噪 ISA +缓慢约束

图 5-3　学习的三组空间特征的部分特征示例

图 5-3（a）展示的是利用传统的 ISA 神经网络在稀疏约束下学习的空间特征；图 5-3（b）展示的是利用 ISA 神经网络在时间缓慢不变规则化项与稀疏规则项的共同约束下学习的空间特征；图 5-3（c）展示的是利用 Denoising ISA 神经网络在时间缓慢不变规则化项与稀疏规则项共同约束下学习的空间特征。

作为比较，本章在图 5-3（a）中展示了使用传统的 ISA 神经网络在稀疏规则化的约束下学习空间特征。在文献（Le，2011）中，这样的神经网络也被用于学习 3D 时空特征。从图 5-3 中可以看出，该组特征是稀疏的。在这种特征学习框架的基础上，引入时间缓慢不变规则化约束，本章学习了另一组空间特征，如图 5-3（b）中的图像所示。从图 5-3 中可以看出，该组特征具有更明显的方向特性。图 5-3（c）展示的是使用 Denoising ISA 神经网络，在引入稀疏约束与时间缓慢不变约束的情况下学习的空间特征。该组特征是稀疏的且具有较强的方向特性。为了评估这三种学习到的空间

特征，在实验部分，本章分别使用这些特征进行行为识别实验。

5.3.3 时空特征的池化处理

如前文所描述，本章从基础视频块单元中学习了空间特征。在行为识别的过程中，为了使这些学习的空间特征展现出与时空特征类似的空间特性与时间特性，所提方法对从视频数据中提取的空间特征序列执行时间域上与空间域上的池化处理。该部分将详细地介绍特征的池化策略。首先，来思考一下行为是如何在行为视频中体现的。在视频中，行为是一系列行为执行者的姿态缓慢变化的图像序列。理论上，变化的空间特征序列是可以表征运动特征的。因此，所提方法利用基本的空间特征来表征行为的时空特征或人体的运动特性。

所提方法通过对提取的空间特征序列的池化处理，来获取时空特征。本章使用密集采样的方式从行为视频中采样视频块，此次采样的视频块的尺寸比基本视频块单元的尺寸要大一些。对采样的视频块进行 LCN 处理之后，将之分割为多个基本视频块单元。然后对每个基本视频块单元的每帧图像使用 Denoising ISA 神经网络进行编码。假定基本视频块单元 x^s 的一帧图像记为 x_s^t，基于训练好的 Denoising ISA 神经网络，除去添加噪声的处理，图像帧 x_s^t 可以使用式（5-1）编码 p_s^t。

5.3.3.1 时间域上的特征池化

对于提取的空间特征序列，该部分介绍在时间域上对其进行池化处理的策略。在图 5-4 中，展示了对空间特征进行时间域上的池化处理的过程。在该过程中，时空特征是通过对 nt 个基本视频块单元进行池化处理获取的。对于时间域上的池化操作，本章设置 $nt = 3$。首先，来确定一下密集采样的视频块的尺寸。所提方法根据视频块被分割为基本视频块单元的情况，来确定原始的采样视频块归一化后的尺寸。如图 5-4 所示，经过局部对比归一化处理之后，在时间域上，视频块被分割为三个部分重叠的基本视频块单元。在本书中，设定重叠度为 50%，即相邻基本视频块单元的重叠部分的长度为基本视频块单元帧长的一半。鉴于基本视频块单元的帧长为 $T = 5$，令相邻基本视频块单元之间存在两帧图像的重叠，那么归一化处理后的采

样视频块的帧长为 $T = (T-2) \times (nt-1) = 11$，每帧图像的空间尺寸为 $n_w \times n_w$（$n_w = 24$）。这是采样的视频块进行 LCN 处理后的尺寸参数。由于局部对比归一化核的窗口尺寸为 9，那么随机采样的用于时间域上的池化处理的初始视频块的尺寸为 $32 \times 32 \times 11$（$n_w + 8 = 32$）。

　　将图 5-4 所示的情况作为一个示例，下面对时间域上的池化处理过程进行详细的描述。首先，根据前文确定的视频块尺寸，对行为视频进行密集采样。对采样的视频块进行 LCN 处理后，将其分割为 nt 个基本视频块单元，将每个基本视频块单元记为 x_s（$s = 1, 2, \cdots, nt$）。使用训练好的 Denoising ISA 神经网络，将基本视频块单元的每帧图像 x_s^t 编码为 p_s^t。然后，使用如下两个特征池化公式，便可以将每个采样视频块表征为特征向量 $\hat{p}$：

$$p_o^t = (p_1^t, p_2^t, \cdots, p_{nt}^t), (t = 1, \cdots, T) \tag{5-4}$$

$$\hat{p} = \max(p_o^1, p_o^2, \cdots, p_o^T)$$

$$= (\hat{p}_1, \hat{p}_2, \cdots, \hat{p}_{nt}) \tag{5-5}$$

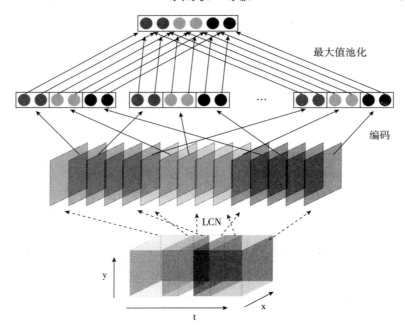

图 5-4　时间域上的池化处理过程

　　首先，对采样的视频块使用 LCN 方法进行归一化处理，并将分割为三个部分重叠的基本视频块单元。然后，使用训练好的特征学习网络对基本视频块单元的五帧图像分别进行编码。最后，将采样视频块表征为对编码的空间特征序列进行最大值池化处理的结果。

如图 5-1 所示，将 Denoising ISA 神经网络的输出维度设置为 d，那么 $\hat{p}_s = (\hat{p}_{s1}, \hat{p}_{s2}, \cdots, \hat{p}_{sd})$，$s = (1, 2, \cdots, nt)$。其中，$\hat{p}$ 是时间域上的池化处理框架的输出。最后，每个采样的视频块都被表征为一个如图 5-4 所示的特征向量 $\hat{p}$，该局部特征的维度为 $nt×d$。

5.3.3.2 空间域上的特征池化

类似于时间域上的池化处理，空间域上的池化处理亦需要采样较大的视频块。与时间域上的池化处理不同的是，对于空间域上的池化处理，采样的视频块具有较大的空间尺寸。如图 5-5 所示，对采样的视频块进行 LCN 处理之后，视频块在空间域上被分割为 $ns×ns$ 个基本视频块单元。对于空间域上的池化处理，所提方法设置 $ns = 2$。这些分割的基本视频块单元在空间域上的重复度为 50%，因此，对采样视频块进行归一化处理后，其尺寸为 $(24+(ns-1)×12)×(24+(ns-1)×12)×T$。由于归一化核的窗口尺寸为 9，那么，随机采样的视频块的尺寸为 $44×44×T$。

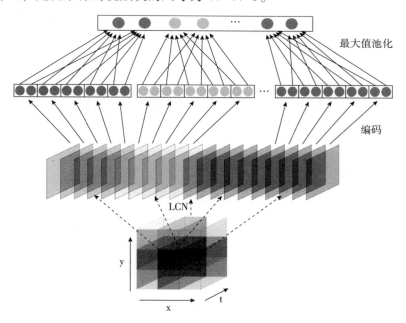

图 5-5　空间域上的池化处理过程

首先，对采样视频使用 LCN 方法进行归一化处理，并将其分割为四个部分重叠的基本视频块单元。然后，使用训练好的特征学习网络对基本视频块单元的每帧图像进行编码。最后，将采样视频块表征为对编码的空间特征序列进行最大值池化处理的结果。如图 5-5 所示，对采样的视频块进行 LCN 处理之后，将其分割为 4 个基本视频块单元，每个基本视频块单元记为 x_s（$s=1,2,\cdots,ns\times ns$）。然后，使用训练好的 Denoising ISA 神经网络将基本视频块单元 x_s 的每帧图像 x_s^t 编码为 p_s^t，并将每个基本视频块单元表征为对所有图像帧的编码使用如下两个公式进行池化处理的结果：

$$\hat{p}=\max(p_s^1,p_s^2,\cdots,p_s^T) \tag{5-6}$$

最后拼接分割成所有基本视频块单元池化处理获取的特征向量 $\hat{p}_s$，则得到了采样视频块的特征表征 $\hat{p}$：

$$\hat{p}=(\hat{p}_1,\hat{p}_2,\cdots,\hat{p}_{ns\times ns}) \tag{5-7}$$

图 5-5 中输出的特征向量即为 $\hat{p}$，该局部特征的维度为 $ns\times ns\times d$。

5.3.3.3　时空域上的特征池化

为了提取有效的识别行为的特征，所提方法综合了空间域与时间域上的池化处理策略对特征进行提取。与前面提到的两种池化处理策略相同，首先需要根据采样视频块被分割成的基本视频块单元的数目 $ns\times ns\times nt$，来确定随机采样的视频块的尺寸。根据介绍的计算方法，可以计算出采样视频块的尺寸为 $(24+(ns-1)\times12+8)\times(24+(ns-1)\times12+8)\times T+(T-2)\times(nt-1)$。然后，根据确定的视频块尺寸密集地从行为视频中采样视频块，并通过训练好的神经网络对视频块进行表征。经过时空域上的池化处理后，可以得到维度为 $ns\times ns\times nt\times d$ 的向量表征。采样视频块的尺寸与学习的空间特征的维度比较大，导致了视频块的特征表征的维度比较大。所提方法使用 PCA 方法对特征表征进行降维。在文献（Shi，2013）通过大量的实验发现，许多基于采样的方法在将特征维度设置为 864 时，获得了非常好的行为识别结果。因此，所提方法将那些在池化处理后，特征维度高于 864 的特征向量，通过 PCA 降维的方法将其特征维度降为 864。

5.4　基于 BOF 的行为表征及识别

为了评估学习的局部特征在行为识别方面的性能，并在同样的基准条件下将所提算法与一些优秀的特征提取或学习算法进行比较，本章使用文献（Wang，2010）使用的行为识别基准方法（Identical Test Pipeline）进行行为识别。该基准方法基于 BOF 的方法利用提取的局部特征对行为进行识别。

下面简单介绍一下如何利用所提方法提取的局部特征，使用 Bag-Of-Feature 的特征组织方法对行为视频进行向量表征。首先，使用已经计算好的视频块尺寸从行为视频中密集地采样视频块，并使用训练好的神经网络以及设计的特征池化策略将每个视频块编码为局部特征向量。对于一些静态场景或背景一致场景下的行为视频，如 KTH 行为数据库，为了提高所学特征在该类数据库上的识别效果，本章使用 Norm-Thresholding 的方法（Le，2011）对密集采样的视频块进行筛选。然后，该方法利用 k 均值聚类方法对编码的特征向量进行聚类，以构建特征词汇表（Vocabulary）V。将每个聚类群组作为一个视觉特征单词（Visual Words）V，在该实验中，特征词汇表 V 中视觉特征单词的数目被设置为 3000。根据构建的视觉特征词汇表，将每个特征向量分配给与其欧式距离最近的视觉单词。如此，每个行为视频便可表征为从该视频中采样的视频块的特征向量分配给视觉词汇表中各单词的频率直方图向量。这是一种对局部特征惯用的处理方法。

本书使用的行为识别基准方案的流程主要包括以下几个方面。首先，对行为视频序列提取局部特征，并基于 Bag-Of-Feature 的方法将行为视频序列表示为直方图向量。然后，使用这些行为视频的直方图向量表征，训练非线性的 χ^2-核（Laptev，2008）支持向量机（Chang，2011）分类器。对于多类行为识别，该行为识别基本方案可以采用支持向量机的一对多的分类策略识别行为。

5.5　实验

　　该部分通过在三个公用行为数据库上执行的大量实验，评估了所提算法学习的特征。首先，对于基于 ISA 神经网络的三个特征学习框架，本章通过实验对比了它们学习的特征在行为识别方面的效果。同时，本书也通过大量的实验比较了所提算法与目前一些优秀的行为识别算法在行为识别方法的效果。该实验中使用的三个行为数据库分别是 Hollywood2 行为数据库（Marszalek，2009）、KTH 行为数据库（Schuldt，2004）和 UCF Sport 行为数据库（Rodriguez，2008）。在本书的第三章，已经详细地介绍了 KTH 行为数据库与 UCF Sport 行为数据库，本章将不再赘述。下面对 Hollywood2 行为数据库进行介绍。

　　Hollywood2 行为数据库（Marszalek，2009）包含 12 种行为类别，这些行为类别分别为行为"answer phone"、行为"drive car"、行为"eat"、行为"fight person"、行为"get out car"、行为"hand shake"、行为"hug person"、行为"kiss"、行为"run"、行为"sit down"、行为"sit up"和行为"stand up"。该数据库的行为视频来自 69 部好莱坞电影，每种行为类别大致包含 150 个行为视频样本。该数据库的训练集包含 823 个行为视频，测试集包括 884 个行为序列。训练集与测试集中的行为视频分别取自不同的电影，而且这些视频存在镜头切换和背景混杂等问题，对其进行行为识别的难度非常大。

　　本章利用这三个数据库执行了大量的行为识别实验。首先，该部分对在各个数据库上执行实验的实验设置进行详细介绍，并对各行为识别实验的细节进行了说明。然后，通过图表展示了调整学习的空间特征的维度与调整时间域和空间域上的池化操作的尺度对实验结果的影响。同时，一些比较实验的结果也将被展示与分析。

5.5.1　实验设置

　　该实验使用的三个行为数据库中的行为类别各不相同，Hollywood2 行为数据库是从 Hollywood 电影中收集的情景行为集；KTH 行为数据库是拍摄于实验控制场景下日常行为数据集；UCF Sports 行为数据库是从不同的运动广播频道上收集的运动行为集。这三个数据库上的行为识别实验涉及了不同场景下不同行为的识别，这些实验充分验证了所提算法在行为识别方法的有效性。

对于 Hollywood2 行为数据库，本实验使用该数据库的训练集训练特征学习网络与支持向量机分类器，并在测试集上进行行为识别。为加快该实验的执行速度，本章将该数据库的所有行为视频降采样为其原始视频的分辨率的一半，在降采样的数据集上进行行为识别实验。对 KTH 行为数据库，本章使用其原始实验设置（Schuldt, 2004）进行行为识别实验，即将该数据库分割为包含 16 个 subjects 的行为视频的训练集与包含 9 个 subjects 的行为视频的测试集。对于 UCF Sport 行为数据库，本章使用与文献（Raptis, 2012；Lan, 2011）相同的实验设置，即将该数据库分割为包含 103 个训练样本的训练集与包含 47 个测试样本的测试集。据文献（Raptis, 2012）介绍，这种分割方式极大地减少了训练集与测试集的背景关联度。为了增加该数据库中训练样本的数目，本章将各训练样本的水平翻转映射版本也加入了训练集中。为了提高该实验的执行速度，UCF Sports 行为数据库中的各行为视频也被降采样为其原始分辨率的一半。

对于 Hollywood2 行为数据库，该实验通过计算各种行为类别的 Mean Average Precision（Mean AP）（Marszalek, 2009）来评估在该数据库上的行为识别效果，如表 5-1 所示。对于 UCF Sport 行为数据库与 KTH 行为数据库，本章通过统计行为的平均识别率来评估所提算法，如表 5-2 所示。鉴于前人的研究工作均是采用这两种度量方式对这些数据库上的实验进行评估，在该实验中，本章延续使用这两种方式分别对所提算法在不同数据库上的识别效果进行评估。

表 5-1　三种不同的特征学习框架学习的特征在 **Hollywood2**
数据库上的行为识别效果的比较

Hoolywood2	Mean AP
ISA	36.2%
Denoising ISA	38.2%
Denoising ISA + Slowness	39.4%

表 5-2　三种不同的特征学习框架学习的特征在 KTH 与
UCF Sport 数据上的行为识别效果的比较

平均识别率	KTH	UCF
ISA	88.0%	79.0%
Denoising ISA	88.2%	79.3%
Denoising ISA + Slowness	88.6%	81.6%

5.5.2　实验细节描述

在实验中，执行了利用三种不同特征学习框架学习的特征进行行为识别的比较实验，并进行了评估学习的空间特征的维度对行为识别影响的实验，以及评估时间域与空间域上的池化处理的视频块的尺寸对行为识别影响的实验。根据实验结果，对比分析了三种基于 ISA 神经网络学习的空间特征在行为识别中的识别效果。同时，也比较了所提算法与目前一些非常优秀的行为识别算法在行为识别方面的性能。大量的实验验证了所提算法学习的特征在行为识别方面的有效性。文章描述的所有实验分别都在 Hollywood2 行为数据库、KTH 行为数据库与 UCF Sport 行为数据库上进行。下面，对各实验的细节信息进行详细介绍。

在空间特征的学习过程中，本章使用三种不同的基于 ISA 神经网络的特征学习架构对三组空间特征进行了学习。这三个特征学习架构分别是引入稀疏约束的 ISA 神经网络，引入时间缓慢不变约束与稀疏约束的 ISA 神经网络，以及引入时间缓慢不变约束与稀疏约束的 Denoising ISA 神经网络。从图 5-3 中可以明显地看出，这三组特征各不相同。为了比较这些学习的特征，在同样的实验设置下，本章分别使用这三组特征进行行为识别，并比较其实验效果。在该实验中，这三个神经网络的输出维度 d 均被设置为 100。在对行为视频进行采样时，采样参数设置为 $ns = 1$，$nt = 3$。如此，可以确定采样的视频块归一化后的尺寸为 24×24×11，每个采样的视频块将被分割为三个部分重叠的基本视频单元块。利用训练数据训练好这三个神经网络之后，使用这三个网络分别对测试集中采样的视频块进行特征编码，并进行池化处理，获得的局部特征向量的维度为 1×1×3×100 = 300。

表 5-3　参数 d 对 Hoolywood2 数据库上的行为识别实验结果的影响

Mean AP	Hoolywood2
d = 50	38.2%
d = 100	39.4%
d = 150	39.7%

为了测量一些实验参数对行为识别的影响，本章执行了大量的实验来调整这些参数。在特征学习的过程中，该实验对学习的空间特征的个数 d 设置了多个取值，并分别进行特征学习与行为识别实验，以测量该参数对行为识别效果的影响，如表 5-3 所示。通过大量的实验，本章选择获得了最好的实验效果时 d 的取值作为后续其他实验的设定值。在通过实验为参数 d 选择了合适的取值时，归一化的采样视频块的尺寸被设定为 24×24×11。在时间域与空间域上对特征池化处理的过程中，可调整的参数为视频块在时间域上的分割数目 nt 与在空间域上的分割数目 ns。为了从时间域与空间域上对特征进行池化处理，采样的视频块被分割为 $ns×ns×nt$ 个部分重叠的基本视频块单元。通过对 $ns×ns×nt$ 设置不同的取值，评估了采样视频块的尺寸对行为识别实验的影响。

最后，基于前面提到的诸多实验，本章使用各实验选择确定的参数进行了行为识别的实验，并将所提算法在三个公用数据库上的行为识别结果与一些 state-of-the-art 的行为识别算法的结果进行了对比。用于比较的人工设计特征包含 HOG3D（Klaser，2008）、HOG/HOF（Laptev，2008）和 ESURF（Willems，2008）等。作为局部特征，这些人工设计特征被广泛地应用于各种不同的行为识别算法中，而且都获得了非常好的行为识别效果。此外，本章还将所提算法与一些基于深度学习的行为识别算法进行了对比。例如时空深度置信网络（Space-Time Deep Belief Network）方法（Chen，2010）、基于卷积的时空特征学习算法（Taylor，2010）和 3D 卷积神经网络（3D convolutional Neural Network）方法（Ji，2010）。这些算法均获得了较好的行为识别效果，并在本书使用的数据库上展示了其行为识别的结果。该实验通过与这些行为识别算法的比较，验证了所提算法在行为识别方面的有效性。

5.5.3　实验结果与分析

根据文中对实验的描述，执行了各行为识别实验。首先，该部分分别展示了各实验在三个公用数据库上的行为识别结果。然后，对实验结果分别进行了分析。在表 5-1 与表 5-2 中，比较了三个特征学习框架学习的特征在行为识别实验中的效果。这三个特征学习框架学习的特征分别对应于图 5-3 中的三组图像。从表 5-1 与表 5-2 中可以看出，引入时间缓慢不变约束与稀疏约束的 Denoising ISA 神经网络框架学习的特征获得了最好的行为识别结果，引入时间缓慢不变约束的 ISA 神经网络学习的特征比 ISA 神经网络的特征的识别效果要好。这与实验预期是一致的。这是因为，去噪准则的引入使学习的特征对噪声和背景的混乱更具有鲁棒性，而时间缓慢不变约束的引入使学习的特征具有更强的稳定性。

　　表 5-3 与表 5-4 分别展示了当给 d 赋予不同的取值时，在 Hollywood2、KTH 和 UCF Sport 这三个行为数据库上执行的行为识别实验的结果。其中，d 是用于特征学习的神经网络架构学习到空间特征的个数。从表 5-3 中可以看出，当设置 $d = 100$ 时，在 Hollywood2 行为数据库上进行的行为识别实验获得了较好的结果。尽管在实验中当设置 $d = 150$ 时，获得了更好的行为识别结果，但是这种情况下提取的特征的维度非常高，而且行为识别的结果并没有获得非常明显的提升。在表 5-4 中，当设置 $d = 100$，在 KTH 行为数据库与 UCF Sport 行为数据库上执行的行为识别实验仍获得了非常好的结果。如此，在后续的实验中，本章便将参数 d 的取值固定为 100。

表 5-4　参数 d 对 KTH 和 UCF Sport 数据库上的行为识别实验结果的影响

平均识别率	KTH	UCF
$d = 50$	88.0%	79.0%
$d = 100$	88.6%	81.6%
$d = 150$	88.2%	81.4%

表 5-5　采样视频块被分割为基本视频块单元的数目 $ns \times ns \times nt$ 对 Hoolywood2 数据库上的行为识别实验结果的影响

Mean AP	Hoolywood2
ST Pooling $1 \times 1 \times 3$	39.4%
ST Pooling $2 \times 2 \times 1$	42.9%
ST Pooling $2 \times 2 \times 3$	43.9%
ST Pooling $3 \times 3 \times 4$	41.3%

根据时间域与空间域上的特征池化策略，所提方法将采样的视频块分割为多个基本视频块单元。视频块被分割为基本视频块单元的数目对行为识别实验结果的影响如表 5-5 和表 5-6 所示。从这两个表格中，可以得出结论，采样的视频块分割为过多或过少的基本视频块单元都严重影响了行为识别实验的结果。这是因为，根据特征池化过程的描述，分割的基本视频块单元的个数决定了采样的视频块的尺寸。而且最终的特征描述表征了采样的视频块，视频块尺寸过大或过小，都将影响提取的特征的可区分性。如此看来，将采样视频块分割为基本视频块单元的个数 $ns \times ns \times nt$ 对行为识别实验的结果具有非常大的影响。

表 5-6　采样视频块分割为基本视频块单元的数目 $ns \times ns \times nt$ 对 KTH 与 UCF Sport 数据库上的行为识别实验结果的影响

平均识别率	KTH （%）	UCF （%）
ST Pooling 1×1 ×3	88. 6	81. 6
ST Pooling 2×2 ×1	89. 0	82. 6
ST Pooling 2×2 ×3	90. 0	85. 6
ST Pooling 3×3 ×4	88. 7	82. 9

表 5-7　Hollywood2 数据库上行为识别实验结果的对比

方法	平均识别率 （%）
Action Context	35. 5
HOG + KM + SVM	39. 4
Hessian + HOG3D	41. 3
Dense HOG	39. 4
Hessian + ESURF	38. 2
Our Method	43. 9

最后，在 Hollywood2、KTH 与 UCF Sport 行为数据库上，比较了所提算法与一些 state-of-the-art 的算法在行为识别方面的实验结果。各行为识别算法的实验结果如表 5-7、表 5-8 和表 5-9 所示。根据前文的实验结果，该实验将所提算法的实验参数设置为通过其他实验确定的最优值，分别在三个公用数据库执行了行为识别实验。从这三个表中可以看出，所提算法

获得了超越最近发表的行为识别算法的效果。

表 5-8　KTH 行为数据库上的行为识别实验结果的对比

方法	平均识别率（%）
pLSA	83.3
HOG/HOF	86.1
HOG3D	85.3
ST-DBN	86.6
GRBM	90.0
3DCNN	90.2
ACTION STATE	88.8
Our Method	90.0

表 5-9　UCF Sport 数据库上的行为识别实验结果的对比

方法	平均识别率（%）
HOG3D	82.9
HOF	82.6
HOG/HOF	79.3
ACTION STATE	85.4
Our Method	85.6

5.6　本章小结

　　本章提出了一种新颖的局部时空特征提取方法。该方法将传统的时空特征学习或提取的统一体，分割为空间特征的学习过程与时空特征的池化处理过程。在该方法中，空间特征的学习是通过引入时间缓慢不变约束与稀疏约束的 Denoising ISA 神经网络实现的。因此，学习的空间特征具有较强的鲁棒性。时空特征的提取是通过时间域与空间域上的池化处理实现的。本章证实了鲁棒的空间特征可以成功地用于行为或运动模式的识别。对空间特征进行池化处理，可以获得与传统的作为统一体进行学习的时空特征相比拟的时空特征。本章通过大量的实验验证了学习的特征在一定程度上对位移变化和混杂背景等具有鲁棒性。

为了验证所提特征学习框架的有效性，本章进行了大量的实验。并通过特征学习框架的三个变种学习了三组空间特征，比较了其行为识别效果。通过大量的实验，调整了特征学习框架的参数取值，以期学习的特征在行为识别实验中获得较好的效果。在 Hollywood2、KTH 与 UCF Sport 行为数据库上的一系列实验验证了所提算法的有效性。本章的工作验证了前文提到的两个问题，即变化的空间特征序列可以表征运动特征，以及鲁棒的空间特征也可以有效地识别行为。本书也证实了，经过时间域与空间域上的池化处理，鲁棒的空间特征可以表示为时空特征，并可以有效地识别行为。此外，在实验中发现空间特征在行为识别应用中的效果极大地受池化策略的影响。未来的工作将致力于对学习特征进行加权的池化处理的研究工作。

第6章 总结及展望

6.1 全书总结

本书主要从行为的表征与行为分类器的设计两个方面，对视频中人体行为的识别开展了研究。在行为表征方面，通过设计全局的行为表征，解决了利用单样本从海量视频数据中快速地对特定行为进行识别与检测的问题；通过基于深度神经网络学习的视频行为的全局特征表征与局部特征表征，解决了特定行为与多类行为的识别问题。在行为分类器的设计方面，针对大量算法以增加计算复杂度为代价，来提高行为识别率的问题，提出了一种快速的基于倒排索引表的多类行为识别算法。行为识别是计算机视觉领域中一个应用性非常强的方向，本书紧紧围绕视频中人体行为识别这一主要目标，针对该领域中亟须解决的诸多问题，开展了对视频中人体行为识别的四个方面的研究。下面对本书的主要研究成果总结如下。

对于单样本的行为识别与检测，提出了一种在参数空间中利用单样本进行行为识别与检测的方法。该方法根据一段短小的行为视频，可以快速地从目标视频中识别是否有该类行为发生，并检测出该类行为发生的时间与位置。首先，该方法对行为视频的运动区域进行粗略估计；利用运动区域中连续多帧图像的兴趣点的匹配信息在霍夫参数空间进行投票，继而将行为视频表示为全局的位移直方图序列表征。最后，采用矩阵余弦相似度的度量方式，快速地对行为进行识别；并用匹配的兴趣点精确地定位识别行为发生的时空位置。这种高效的行为表征及判别方式，使得在配置较低的PC机上实时地对行为进行识别与检测成为可能。实验结果表明，在静态场景或背景均匀一致情况下，该方法能够快速有效地对特定行为进行识别与检测。

该研究工作解决了利用少量样本对特定行为进行识别与检测的问题。

基于时空特征学习，提出了一种从时间维度上对行为进行时空特征学习的方法。这种从人体各部位的形状特征序列中提取特征的方式，开辟了行为特征提取的新视角。首先，该方法对行为人体进行检测与跟踪，继而根据检测与跟踪结果，使用多限制玻尔兹曼机从人体各部位的时序形状变化中学习更为抽象时空特征；然后，使用 RBM 神经网络，将各部位的时空特征有机地整合为视频行为的全局时空特征；最后，使用训练的 SVM 分类器，对特定行为进行识别，当然，该方法也可以通过一对多的分类策略，对多类行为进行有效识别。在具有挑战性的数据库上的大量实验，验证了该时空特征表征能有效地对特定行为进行识别。该研究工作解决了在行为主体可检测的较复杂场景下特定行为的识别问题。

提出了一种基于行为状态二叉树与倒排索引表的快速的多类行为识别算法。首先，该方法利用行人检测和跟踪算法对行为的兴趣区域进行定位；对兴趣区域提取形状运动特征之后，通过构建各行为类别共享的行为状态二叉树，快速地将行为视频表征为行为状态序列；其次，根据训练集中各行为的行为状态序列表征及类别标签，构建行为状态倒排索引表与行为状态转换倒排索引表；最后，将待识别视频表征为行为状态序列之后，通过查询两个倒排索引表，快速计算行为状态序列对应于各行为类别的加权的分值向量，并根据该分值向量快速地对多类行为进行识别。该多类行为识别方法，对训练样本数量的要求相对比较宽松，在训练样本比较充足或相对较少的情况下都能获得比较好的行为分类效果。大量实验结果表明，该方法能够快速地对多类行为进行快速识别。该研究工作解决了在行为主体可检测的较复杂场景下多类行为的快速识别问题。

基于时间缓慢不变特征学习，提出了一种通过特征学习与特征池化处理对行为进行时空特征编码的行为识别方法。该方法通过引入时间缓慢不变约束与去噪准则对空间特征进行学习；然后通过对学习的空间特征在时间维度与空间维度上的池化处理，提取了可有效识别行为的时空特征；最后，基于局部时空特征利用 bag-of-feature 的方法对行为视频进行表征，并利用非线性 SVM 分类器进行行为识别。不同于其他的作为统一体对时空特征进行学习的方法，所提方法将时空特征的学习过程分割为空间特征的学习阶段和时空特征的提取阶段。该方法学习的特征对混乱背景、部分遮挡、拍摄角度变化以及行为的衣着服饰等因素较为鲁棒。大量实验证实了学习的特征能够有效地对多类行为进行有效识别。该研究工作解决了在行为主体不可检测的复杂场景下多类行为的有效识别问题。

6.2　未来展望

目前，在人体行为的分析与理解方面已有大量的研究成果。然而，现实生活中，仍有许多关于行为分析与理解的应用需求尚未得到满足。人体行为分析与理解仍是一个非常具有挑战性的研究方向，并且还有大量的研究工作需要众多科研工作者进行研究与探索。本人通过长期的科研积累，翻阅了大量的文献，并对行为分析与理解问题进行了一系列的思考，建议读者可以尝试着从如下几个方面对行为识别进行研究。

（1）基于少量样本的泛化学习实现行为的特征表达。目前，大部分行为识别方法都需要大量的训练样本来实现行为特征的学习与表达。这与人类婴幼儿时期的学习方式有很大的不同，人类在婴幼儿时期对行为的认知与理解是通过对单个样本的接触与学习来实现的。这种学习方式一定程度上表明了利用少量样本来实现对行为的理解与感知是可行的。而且，这种仿生的行为学习方法更适合根据陆续接触到的行为样本的多样性来构建鲁棒稳定的行为系统模型。行为特征表达对行为的识别与理解非常重要，它所蕴含的信息直接影响了行为的识别与分析结果。鉴于行为的分析与理解及智能机器人的感知理解密切相关，且机器人一般通过调节关节处的舵机来实现行为的控制，人体的骨骼位置序列无疑是实现行为识别与理解的有效表征方式。该工作将研究如何通过少量样本的学习来实现行为的骨架特征表达。

（2）基于少量样本范例实现行为的识别与预测。通过少量样本的学习实现了行为的骨架特征表达之后，更多工作关心的是如何对行为进行识别。目前，已有数不胜数的工作研究了行为的分类识别问题。这些方法大多利用现有的分类器模型对提取的行为特征表达进行分类。众所周知，行为识别是机器视觉的重要研究方向，该研究也终将应用于机器人的感知理解中，这是机器视觉发展的必然趋势。为了贴近机器人的研究，该工作基于行为的骨架特征表达将行为的识别与预测整合到一个行为模型中。该行为模型的作用不仅体现在行为的识别方面，还可以通过对现有信息的分析实现对后续行为的预测。最重要的是该模型基于少量样本进行训练，通过陆续的单个样本的学习来稳固与强化其识别与预测功能。

（3）基于深度神经网络研究行为的感知模型，人类婴幼儿虽然通过单个样本的学习实现了对世界的感知与理解，但基因遗传是否起到了作用我们不得而知。目前大量的研究证实了基于大数据的深度神经网络的学习方法的有效性。那么，利用少量样本进行强化学习的方法结合深度神经网络来研究行为的感知模型是一种可行的方法。行为的感知理解是智能设备与人进行交互的基础。其目标是利用摄像机形成的视觉感知网，实现对人体行为的感知与理解。这是一个非常复杂的过程，需要行为感知模型利用摄像机获取多个层次上的视觉信号；从多层次的视觉信息中抽象提取行为和事件的语义；关注特定场景、行为及事件，并在不同行为和事件语义层间转变注意力。这种复杂的智能处理问题，只能依赖于深度神经网络的深层学习来解决。

（4）基于深度神经网络研究行为的预测模型。深度神经网络对行为感知理解模型的研究，对人体行为形成了语义层次上的理解。这种对人体行为的感知与理解总是后知后觉的，它无法预测人体意欲进行的下一步动作。利用这种设备与人体进行交互，它的反应总是迟钝的。与人体进行正常交互的智能设备必须具备预测能力，在特定的时刻它需要对人体的后续反应有一定程度上的预估。该工作研究的行为的预测模型可以根据行为人体短期内过去与当前的行为状态，利用已经学习的行为表达预测人体后续的行为与动作。该工作将根据前面学习的骨架序列特征表达与行为感知模型，通过对相关信息的重新组织与关联表达实现对观测行为的识别与预测。

（5）基于大数据利用深度网络架构对复杂群体行为进行感知。随着大数据与深度学习技术的发展，对复杂群体行为的详细感知工作得到了进一步的发展与应用。这对群体行为中活动细节的感知与分析提出了更高的要求。通过观察我们能够发现，群体行为依赖于活动场地、交互的物体或行为个体的状态。那么行为群体中个体行为的状态、行为个体之间或人体与物体环境之间的交互以及行为群体所处的场景都直接影响群体行为所处的状态及群体行为未来的发展趋势。那么如何有效地整合这些信息就变得非常重要，这需要对大量的数据进行处理分析，那么可以基于大数据利用深度神经网络模型最大化地提升群体行为的识别和分析效果。

参考文献

[1] Ahmad M, Lee S. Human Action Recognition Using Shape and CLG-Motion Flow from Multiview Image Sequences [J]. Pattern Recognition, 2008, 41 (7): 2237-2252.

[2] Ali S, Basharat A, Shah M. Chaotic Invariants for Human Action Recognition [C]. IEEE International Conference on Computer Vision, Rio de Janeiro, 2007, 1-8.

[3] Ali S, Shah M. Human Action Recognition in Videos Using Kinematic Features and Multiple Instance Learning [J]. IEEE Transactions on Pattern Analysis and Machine Intelligence, 2010, 32 (2): 288-303.

[4] Andrew G, Gao J. Scalable Training of 1 - Regularized Log - LinearModels [C]. International Conference on Machine Learning, Corvallis, 2007: 33-34.

[5] Avriel M. Nonlinear Programming: Analysis and Methods [J]. Dover Publishing, 2003.

[6] Baccouche M, Mamalet F, Wolf C, et al. Sequential Deep Learning for Human Action Recognition [C]. IHuman Behavior Understanding. Springer, Berlin Heidelberg, 2011.

[7] Baktashmotlagh M, Harandi M. T, Bigdeli A, et al. Non-Linear Stationary Subspace Analysis with Application to Video Classification [C]. International Conference on Machine Learning, Atlanta, 2013, 450-458.

[8] Bay H, Ess A, Tuytelaara T, et al. SURF: Speeded Up Robust Features [J]. Computer Vision and Image Understanding, 2008, 110 (3): 346-359.

[9] Blank M, Gorelick L, Shechtman E, et al. Actions as Space-Time Shapes [C]. IEEE International Conference on Computer Vision, Beijing,

2005: 1395-1402.

[10] Blei D. M, Ng A. Y, Jordan M. I. Latent Dirichlet Allocation [J]. The Journal of Machine Learning Research, 2003, 3: 993-1022.

[11] Bobick A, Davis J. The Recognition of Human Movement Using Temporal Templates [J]. IEEE Transactions on Pattern Analysis and Machine Intelligence, 2007, 23 (3): 1257-1265.

[12] Bobick A. F, Davis J. W. The Recognition of Human Movement Using Temporal Templates [J]. IEEE Transactions on Pattern Analysis and Machine Intelligence, 2001, 23: 257-267.

[13] Bobiick A, Davis J. Real-time Recognition of Activity Using Temporal Templates [C]. IEEE Workshop on Applications of Computer Vision, Portland, 1996: 39-42.

[14] Bocker A, Derksen S, Schmidt E, et al. Hierarchical K-means Clustering [J]. H-K-means Manual, 2004.

[15] Boiman O, Shechtman E, IraniM. In Defense of Nearest-Neighbor Based Image Classification [C]. IEEE Conference on Computer Vision and Pattern Recognition, Anchorage, 2008: 1-8.

[16] Bregler C. Learning and Recognizing Human Dynamics in Video Sequences [C]. IEEE Conference on Computer Vision and Pattern Recognition, San Juan, 1997: 568-574.

[17] Carreira-Perpinan M. A, Hinton G. E. On Contrastive Divergence Learning [C]. 2005: 97-106.

[18] Chang C, Lin C. LIBSVM : Alibrary for support vector machines [J]. ACM Transactions on Intelligent Systems and Technology, 2011, 2 (27): 1-27.

[19] Chen B, Ting J. -A, Marlin B, et al. Deep Learning of Invariant Spatio-Temporal Features from Video [C]. IEEE International Workshop on Neural Information Processing Systems, Whistler, 2010.

[20] Cheung K, Baker S, Kanade T. Shape-From-Silhouette of Articulated objects and Its use for Human Body Kinematics Estimation and Motion Capture [C]. IEEE Conference on Computer Vision and Pattern Recognition, Madison, 2003: 77-84.

[21] Comaniciu D, Ramesh V, Meer P. Kernel-Based Object Tracking [J]. IEEE Transaction on Pattern Analysis and Machine Intelligence, 2003, 25 (5): 564-577.

[22] Cox D, Meier P, Oertelt N, et al. "Breaking" position-invariant object recognition [J]. Nature Neuroscience, 2005, 8: 1145-1147.

[23] Dalal N, Triggs B. Histograms of Oriented Gradients for Human Detection [C]. IEEE Conference on Computer Vision and Pattern Recognition, San Diego, 2005: 886-893.

[24] Dawn D. D, Shaikh S. H. A Comprehensive Survey of Human Action Recognition With Spatio-Temporal Interest Point (STIP) Detector [J]. The Visual Computer, 2015, 10: 1-18.

[25] Delaitre V, Laptev I, Sivic J. Recognizing Human Actions in Still Images: A Study of Bag-ofFeatures and Part-based Representations [C]. British Machine Vision Conference, Aberystwyth, 2010: 1-11.

[26] Derpanis K. G, Sizintsev M, Cannons K, et al. Efficient Action Spotting Based on a Space Time Oriented Structure Representation [C]. IEEE Conference on Computer Vision and Pattern Recognition, San Francisco, 2010: 1990-1997.

[27] Dollar P, Rabaud V, Cottrell G , et al. Behavior recognition via sparse spatio-temporal features [C]. Visual Surveillance and Performance Evaluation of Tracking and Surveillance, 2005. 2nd Joint IEEE International Workshop on. IEEE, 2005.

[28] Du Y, Chen F, Xu W, et al. Recognizing Interaction Activities using Dynamic Bayesian Network [C]. IEEE Conference on Computer Vision and Pattern Recognition, New York, 2006: 618- 621.

[29] Efros A. A, Berg A. C, Mori G, et al. Recognizing Action at a Distance [C]. IEEE International Conference on Computer Vision, Nice, 2003: 726-733.

[30] Elgammal A, Shet V, Yacoob Y, et al. Learning Dynamics for Exemplar-based Gesture Recognition [C]. IEEE Conference on Computer Vision and Pattern Recognition, Madison, 2003: 571-578.

[31] Fathi A, Mori G. Action recognition by learning mid-level motion fea-

tures [C]. IEEE Conference on Computer Vision and Pattern Recognition, Anchorage, 2008: 1-8.

[32] Felzenszwalb P. F, Girshick R. B, Mcallester D, et al. Object Detection with Discriminatively Trained Part Based Models [J]. IEEE Transaction on Pattern Analysis and Machine Intelligence, 2010, 32 (9): 1627-1645.

[33] Freund Y, Haussler D. Unsupervised Learning of Distributions on Binary Vectors Using Two Layer Networks [R]. Santa Cruz: University of California at Santa Cruz, 1994.

[34] Fu Y, Huang T. Image Classification Using Correlation Tensor Analysis [J]. IEEE Transactions on Image Processing, 2008, 17 (2): 226-234.

[35] Gall J, Lempitsky V. Class-specific hough forests for object detection [C]. IEEE Conference on Computer Vision and Pattern Recognition, Miami, 2009: 1022-1029.

[36] Gorelick L, Blank M, Shechtman E, et al. Actionsas Space-Time Shapes [J]. IEEE Transactions on Pattern Analysis and Machine Intelligence, 2007, 29 (12): 2247-2253.

[37] Han B, Comaniciu D, Zhu Y, et al. Sequential Kernel Density Approximation and Its Application to Real-Time Visual Tracking [J]. IEEE Transactionon Pattern Analysis and Machine Intelligence, 2008, 30 (7): 1186-1197.

[38] Harandi M. T, Sanderson C, Shirazi S, et al. Kernel analysis on Grassmann manifolds for action recognition [J]. Pattern Recognition Letters, 2013, 34 (15): 1906-1915.

[39] Harris, C. & Stephens, M. A Combined Corner and Edge Detector. Proceedings 4th Alvey Vision Conference. 1988. 147-151. 10.5244/C.2.23.

[40] Hinton, G. E. Reducing the Dimensionality of Data with Neural Networks [J]. Science, 2006, 313 (5786): 504-507.

[41] Hinton, Li Deng, Dong Yu, et al. Deep Neural Networks for Acoustic Modeling in Speech Recognition: The Shared Views of Four Research Groups [J]. IEEE Signal Processing Magazine, 2012, 29 (6): 82-97.

[42] Hofmann T. Probabilistic Latent Semantic Indexing [C]. ACM Conference on Research and Development inInformation Retrieval, New York, 1999:

50-57.

[43] Hung H. B, Dinh Q. P, Svetha V. Hierarchical Hidden Markov Models with General State Hierarchy [C]. In Proceedings of the National Conference on Artificial Intelligence, San Jose, 2004: 324-329.

[44] Hyvarinen A, HurriJ, Hoyer P. Natural Image Statistics [M]. London: Springer-Verlag, 2009: 3361-3364.

[45] IkizlerCinbis N, Cinbis R, Sclaroff S. Learning Actions from the Web [C]. IEEE International Conference on Computer Vision, Kyoto, 2009: 995-1002.

[46] Jarrett K, Kavukcuoglu K, Ranzato M, et al. What is the Best Multi-Stage Architecture for Object Recognition? [C]. IEEE International Conference on Computer Vision, Kyoto, 2009: 2146- 2153.

[47] Jhuang H, Gall J, Zuffi S, et al. Towards Understanding Action Recognition [C]. IEEE International Conference on Computer Vision, Sydney, 2013: 3192-3199.

[48] Jhuang H, Serre T, Wolf L and Poggio T. A Biologically Inspired System for Action Recognition [C]. 2007 IEEE 11th International Conference on Computer Vision, Rio de Janeiro, 2007: 1-8.

[49] Ji S, Xu W, Yang M, et al. 3D Convolutional Neural Networks for Human Action Recognition [C]. International Conference on Machine Learning, Haifa, 2010: 3212-3220.

[50] Ji S, Xu W, Yang M, et al. 3D Convolutional Neural Networks for Human Action Recognition [J]. IEEE Transaction on Pattern Analysis and Machine Intelligence, 2013, 35 (1): 221-231.

[51] Ji S, Xu W, Yang M, et al. 3D Convolutional Neural Networks for Human Action Recognition [J]. IEEE Transactions on Pattern Analysis and Machine Intelligence, 2013, 35 (1): 221-231.

[52] Jiang X, Zhong F, Peng Q, et al. Online robust action recognition based on a hierarchical model [J]. The Visual Computer, 2014, 30: 1021-1033.

[53] Jiang Z, Lin Z, Davis L. S. Recognizing Human Actions by Learning and Matching Shape Motion Prototype Trees [J]. IEEE Transactions on Pattern

Analysis and Machine Intelligence, 2012, 34 (3): 533-547.

[54] Joachims T. Optimizing search engines using clickthrough data [C]. Proceedings of the ACM SIGKDD International Conference on Knowledge Discovery and Data Mining, 2002: 133-142.

[55] Junejo O, Dexter E, Perez P. View-Independent Action Recognition from Temporal Self Similarities [J]. IEEE Transaction on Pattern Recognition and Machine Intelligence, 2011, 33 (1): 172-185.

[56] Karlinsky L, Dinerstein M, Ullman S. Using Body-Anchored Priors for Identifying Actions in Single Images [C]. IEEE Conference on Neural Information Processing Systems, Whistler, 2010: 1072-1080.

[57] Karpathy A, Toderici G, Shetty S, et al. Large-scale Video Classification with Convolutional Neural Networks [C]. IEEE Conference on ComputerVision and Pattern Recognition, Columbus, 2014: 1725-1732.

[58] Ke Y, Sukthankar R, Hebert M. Efficient Visual Event Detection Using Volumetric Features [C]. IEEE Conference on Computer Vision and Pattern Recognition, San Diego, 2005: 166-173.

[59] Ke Y, Sukthankar R, Hebert M. Spatio-Temporal Shape and Flow Correlation for Action Recognition [C]. IEEE Conference on Computer Vision and Pattern Recognition, Minneapolis, 2007: 1-8.

[60] Ke Y, Sukthankar R, M. Hebert. Event Detection in Crowded Videos [C]. IEEE International Conference on Computer Vision, Rio de Janeiro, 2007: 1-8.

[61] Kim K, Chalidabhongse T, Harwood D, et al. Real-Time Foreground-Background Segmentation Using Codebook Model [J]. Real-Time Imaging, 2005, 11 (3): 167-256.

[62] Kim T, Cipolla R. Canonical Correlation Analysis of Video Volume Tensors for Action Categorization and Detection [J]. IEEE Transactions on Pattern Analysis and Machine Intelligence, 2009, 31 (8): 1415-1428.

[63] Klaser A, Marszalek M, C. Schmid. A spatio-temporal descriptor based on 3D gradients [C]. British MachineVision Conference, Leeds, 2008: 1-10.

[64] Krizhevsky A, Sutskever I, Hinton G. ImageNet Classification with Deep Convolutional Neural Networks [C]. NIPS. Curran Associates Inc., 2012.

［65］ Lampert C. H, Blaschko M. B, Hofmann T. Beyond Sliding Windows: Object Localization by Efficient Sub window Search ［C］. IEEE Conference on Computer Vision and Pattern Recognition, Anchorage, 2008: 1-8.

［66］ Lan T, Wang Y, Mori G. Discriminative Figure-Centric Models For Joint Action Localization and Recognition ［C］. IEEE International Conference on Computer Vision, Barcelona, 2011: 2003- 2010.

［67］ Laptev I , Lindeberg T. Local Descriptors for Spatio-Temporal Recognition ［C］. ECCV, 2004: 91-103.

［68］ Laptev I, Marszalek M, Schmid C, et al. Learning Realistic Human Actions from Movies ［C］. IEEE Conference on Computer Vision and Pattern Recognition, Anchorage, 2008: 1-8.

［69］ Laptev I, Perez P. Retrieving actions in movies ［C］. IEEE International Conference on Computer Vision, Rio de Janeiro, 2007: 1-8.

［70］ Laptev I. On Space-Time Interest Points ［J］. IEEE International Journal of Computer Vision, 2005, 64 （2）: 107-123.

［71］ Laptev, Lindeberg. Space-Time Interest Points ［C］. IEEE International Conference on Computer Vision, Nice, 2008: 432-439.

［72］ Larochelle H , Erhan D , Courville A C , et al. An empirical evaluation of deep architectures on problems with many factors of variation ［C］. IEEE International Conference on Machine Learning, Corvallis, 2007: 473-480.

［73］ Le Q V, Zou W Y, Yeung S Y, et al. Learning Hierarchical Invariant Spatio-Temporal Features for Action Recognition with Independent Subspace Analysis ［C］. IEEE Conference on Computer Vision and Pattern Recognition, Providence, 2011: 3361-3368.

［74］ Lecun Y, Bottou L. Gradient-based Learning Applied to Document Recognition ［J］. Proceedings of the Tenth International Workshop on Artificial Intelligence and Statistics, 1998, 86 （11）: 2278-2324.

［75］ Lee H, Battle A, Raina R, et al. Efficient Sparse Coding Algorithms ［C］. Advances in Neural Information Processing Systems, Vancouver, 2006: 801-808.

［76］ Li N, Dicarlo J. J. Unsupervised Natural Experience Rapidly Alters Invariant Object Representation ［J］. Science, 2008, 321 （5895）: 1502-1507.

［77］ Liang X, Lin L, Cao L. Learning Latent Spatio-Temporal Compositional Model for Human Action Recognition ［C］. ACM International Conference on Multimedia, Barcelona, 2013: 263- 272.

［78］ Liang Z, Wang X, Huang R, et al. An Expressive Deep Model for Human Action Parsing from a Single Image ［C］. International Conference on Multimedia and Expo, Chengdu, 2014: 1-6.

［79］ Lin Z, Jiang Z, Davis L. S. Recognizing Actions by Shape-Motion Prototype Trees ［C］. IEEE International Conference on Computer Vision, Kyoto, 2009, 444-451.

［80］ Little J. J, Boyd J. E. Recognizing People by Their Gait: The Shape of Motion ［J］. Journal of Computer Vision Research, 1998, 1 (2): 1-33.

［81］ Liu J, Ali S, Shah M. Recognizing Human Actions Using Multiple Features ［C］. IEEE Conference on Computer Vision and Pattern Recognition, Anchorage, 2008: 1-8.

［82］ Liu L, Shao L, Rockett P. Human Action Recognition based on Boosted Feature Selection and Naive Bayes Nearest-Neighbor Classification ［J］. Signal Processing, 2013, 93 (6): 1521-1530.

［83］ Lowe D. Distinctive Image Features from Scale-invariant Keypoins ［J］. International Journal of Computer Vision, 2004, 60 (2): 91-110.

［84］ Luo Y, Wu T. -D, Hwang J. -N. Object-based Analysis and Interpretation of Human Motion in Sports Video Sequence by Dynamic Bayesian Networks ［J］. Computer Vision and Image Understanding, 2003, 9 (2): 196-216.

［85］ Mahbub U, Imtiaz H, M. Ahad A. R. Action Recognition Based on Statistical Analysis From Clustered Flow Vectors ［J］. Signal, Image and Video Processing, 2014, 8 (2): 243-253.

［86］ Mahmood T, Vasilescu A, Sethi S. Recognizing Action Events from Multiple Video Points ［C］. IEEE Workshop Detection and Recognition of Events in Video, Vancouver, 2001: 64-72.

［87］ Marszalek M, Laptev I, Schmid C. Actions in Context ［C］. IEEE International Conference on Computer Vision and Pattern Recognition, Miami, 2009: 2929-2936.

［88］ Mathe S, Sminchisescu C. Dynamic Eye Movement Datasets and Learnt Saliency Models for Visual Action Recognition ［C］. European Conference on Computer Vision, Firenze, 2012: 842- 856.

［89］ Memisevic R, Hinton G. Unsupervised Learning of Image Transformations ［C］. IEEE Conference on Computer Vision and Pattern Recognition, Minneapolis, 2007: 1-8.

［90］ Mikolajczyk K, Uemura H. Action Recognition with Motion - Appearance VocabularyForest ［C］. IEEE Conference on Computer Vision and Pattern Recognition, Anchorage, 2008: 1-8.

［91］ Moeslund T B, Hilton A, Volker Krüger. A survey of advances in vision-based human motion capture and analysis ［J］. Computer Vision & Image Understanding, 2006, 104 （2-3）: 90-126.

［92］ Nasri S, Behrad A, Razzazi F. Spatio-Temporal 3D Surface Matching For Hand Gesture Recognition Using ICP Algorithm ［J］. Signal, Image and Video Processing, 2013: 1-16.

［93］ Niebles J. C, H. Wang, L. Fei - Fei. Unsupervised Learning of Human Action Categories Using Spatial - Temporal Words ［J］. International Journal of Computer Vision, 2008, 79 （3）: 299-318.

［94］ Niebles J. C, L. Fei-Fei. A Hierarchical Models of Shape and Appearance for Human Action Classification ［C］. IEEE Conference on Computer Vision and Pattern Recognition, Minneapolis, 2007: 1-8.

［95］ Ning H, Han T, Walther D, et al. Hierarchical Space-Time Model Enabling Efficient Search for Human Actions ［J］. IEEE Transactions on Circuits and Systems for Video Technology, 2009, 19 （6）: 808-820.

［96］ Nister D, Stewenius H. Scalable Recognition With A Vocabulary Tree ［C］. IEEE Conference on Computer Vision and Pattern Recognition, New York, 2006: 2161-2168.

［97］ Nowak E, Jurie, Triggs F. Sampling Strategies for Bag-of-Features Image Classification ［C］. European Conference on Computer Vision, Graz, 2006: 490-503.

［98］ Oikonomopoulos A, Patras I, Pantic M. Spatiotemporal salient points for visual recognition of human actions ［J］. IEEE Transactions on Systems Man &

Cybernetics Part B Cybernetics, 2006, 36 (3): 710-719.

［99］Oikonomopoulous A, Patras I, Pantic M. Spatiotemporal Saliency for Human Action Recognition ［C］. IEEE Conference on Multimedia and Expo, San Diego, 2005: 1-4.

［100］Oliver N, Horvitz E. A Comparison of HMMs and Dynamic Bayesian Networks for Recognizing Office Activities ［C］. IEEE Conference on User Modeling, Edinburgh, 2005: 199-209.

［101］Oliver N. M, Rosario B, A. p. Pentland. A Bayesian Computer Vision System for Modeling Human Interactions ［J］. IEEE Transactions on Pattern Analysis and Machine Intelligence, 2000, 22 (8): 831-843.

［102］Park S, Aggarwal J. K. A Hierarchical Bayesian Network for Event Recognition of Human Actions and Interactions ［J］. Multimedia Systems, 2004, 10 (2): 164-179.

［103］Pei L, Ye M, Xu P, et al. Fast Multi-Class Action Recognition by Querying Inverted Index Tables ［J］. Multimedia Tools andApplications, 2014: DOI: 10. 1007/s11042-014-2207-8.

［104］Pei L, Ye M, Xu P, et al. Multi-Class Action Recognition Based On Inverted Index of Action States ［C］. IEEE International Conference on Image Processing, Melbourne, 2013: 3562-3566.

［105］Pei L, Ye M, Xu P, et al. One Example Based Action Detection In Hough Space ［J］. Multimedia Tools and Applications, 2014, 72 (2): 1751-1772.

［106］Ramanan D, Forsyth D. A. Automatic Annotation of Everyday Movements ［C］. IEEE Conference on Neural Information Processing Systems, Vancouver, 2003: 1-8.

［107］Rao C, Yilmaz A, Shah M. View-Invariant Representation and Recognition of actions ［J］. International Journal of Computer Vision, 2002, 50 (2): 203-226.

［108］Rapantzikos K, Avrithis Y, Kollias S. Dense Saliency-based Spatiotemporal Feature Points for Action Recognition ［C］. IEEE Conference on Computer Vision and Pattern Recognition, Miami, 2009: 1454-1461.

［109］Rapantzikos K, Avrithis Y, Kollias S. Spatiotemporal Saliency for E-

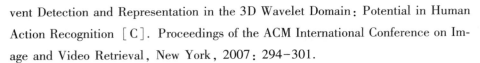

vent Detection and Representation in the 3D Wavelet Domain: Potential in Human Action Recognition [C]. Proceedings of the ACM International Conference on Image and Video Retrieval, New York, 2007: 294-301.

[110] Raptis M, Kokkinos I, Soatto S. Discovering Discriminative Action Parts from Mid-Level Video Representations [C]. IEEE Conference on Computer Vision and Pattern Recognition, Providence, 2012: 1242-1249.

[111] Reddy K, Liu J, Shah M. Incremental Action Recognition Using Feature-Tree [C]. IEEE International Conference on Computer Vision, Kyoto, 2009: 1010-1017.

[112] Rodriguez M, Ahmed J, Shah M. Action MACH: A Spatio-temporal Maximum Average Correlation Height Filter for Action Recognition [C]. IEEE International Conference on Computer Vision and Pattern Recognition, Anchorage, 2008: 3361-3366.

[113] Sadanand S, Corso J. J. Action Bank: A High-Level Representation of Activity in Video [C]. IEEE Conference on Computer Vision and Pattern Recognition, Providence, 2012: 1234-1241.

[114] Schindler K, Gool L. V. Action Snippets: How Many Frames Does Human Action Recognition Require? [C]. IEEE Conference on Computer Vision and Pattern Recognition, Anchorage, 2008: 1-8.

[115] Schuldt C, Laptev I, Caputo B. Recognizing Human Actions: A Local SVM Approach [C]. IEEE International Conference on Pattern Recognition, Cambridge, 2004: 32-36.

[116] Scovanner P, Ali S, Shah M. A 3-Dimensional SIFT Descriptor andIts Application to Action Recognition [C]. ACM Multimedia, Augsburg, 2007: 23-29.

[117] Seo H, Milanfar P. Action Recognition from one Example [J]. IEEE Transactions on Pattern Analysis and Machine Intelligence, 2011, 33 (5): 867-882.

[118] Seo H, Milanfar P. Static and Space-Time Visual Saliency Detection by Sel-Resemblance [J]. Journal of Vision, 2009, 9 (12): 1-27.

[119] Sharma G, Jurie F, Schmid C. Expanded Parts Model for Human Attribute and Action Recognition in Still Images [C]. IEEE Conference on

Computer Vision and Pattern Recognition, Portland, 2013: 652-659.

[120] Shechtman E, Irani M. Space-Time Behavior-Based Correlation-or-How to Tell If Two Underlying Motion Fields Are Similar without Computing Them? [J]. IEEE Transactions on Pattern Analysis and Machine Intelligence, 2007, 29 (11): 2045-2056.

[121] Shi F, Petriu E, Laganie ̀re R. Sampling Strategies for Real-time Action Recognition [C]. IEEE Conference on Computer Vision and Pattern Recognition, Portland, 2013: 2595-2602.

[122] Singh V. K, Nevatia R. Action Recognition in Cluttered Dynamic ScenesUsing Pose-Specific Part Models [C]. IEEE International Conference on Computer Vision, Barcelona, 2011: 113-120.

[123] Smolensky P. Information Processing in Dynamical Systems: Foundations of Harmony Theory [J]. Parallel Distributed Processing, 1986, 1: 194-281.

[124] Snyman J. A. Practical Mathematical Optimization: An Introduction to Basic Optimization Theory and Classical and New Gradient-Based algorithms [J]. Springer Publishing, 2005.

[125] Taylor G W, Fergus R, LeCun Y, et al. Convolutional Learning of Spatio-temporal Features [C]. European Conference on Computer Vision, Hersonissos, 2010: 140-153.

[126] Tekalpam A. M. Digital Video Processing [M]. Prentice Hall, 1995.

[127] Thurau C, Hlavac V. Pose Primitive based Human Action Recognition in Videos or Still Images [C]. IEEE Conference on Computer Vision and Pattern Recognition, Anchorage, 2008: 1-8.

[128] US-AEMY. Visual Signals [J]. Field Manual, 1987: 21-60.

[129] Veeraraghavan A, Chellappa R, Roy-Chowdhury A. K. The Function Space of an Activity [C]. IEEE Conference on Computer Vision and Pattern Recognition, New York, 2006: 959-968.

[130] Vig E, Dorr M, Cox D. Space-variant Descriptor Sampling for Action Recognition based on Saliency and Eye movements [C]. European Conference on Computer Vision, Firenze, 2012: 84-97.

[131] Vincent P, Larochelle H, Lajoie I, et al. Stacked Denoising Autoen-

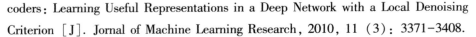

coders: Learning Useful Representations in a Deep Network with a Local Denoising Criterion [J]. Jornal of Machine Learning Research, 2010, 11 (3): 3371-3408.

[132] Vinod Nair, Geoffrey E. Hinton. 3D object recognition with deep belief nets [C]. Advances In Neural Information Processing Systems, Vancouver, 2009: 1339-1347.

[133] Wang B, Ye M, Li X, et al. Abnormal Crowd Behavior Detection using High Frequency and Spatio Temporal Features [J]. Machine Vision and Applications, 2012, 9 (5): 905-912.

[134] Wang H, Klaser A, Schmid C, et al. Action Recognition by Dense Trajectories [C]. IEEE Conference on Computer Vision and Pattern Recognition, Providence, 2011: 3169-3176.

[135] Wang H, Schmid C. Action Recognition with Improved Trajectories [C]. IEEE International Conference on Computer Vision, Sydney, 2013: 3551-3558.

[136] Wang H, Ullah M. M, A. Kläser, et al. Evaluation of Local Spatio-Temporal Features For Action Recognition [C]. British Machine Vision Conference, Toronto, 2010: 468-475.

[137] Wang K, Wang X, Lin L, et al. 3D Human Activity Recognition with Reconfigurable Convolutional Neural Networks [C]. ACM International Conference on Multimedia, Orlando, 2014: 97-106.

[138] Wang Y, Mori G. Hidden Part Models for Human Action Recognition: Probabilistic versus MaxMargin [J]. IEEE Transactions on Pattern Analysis and Machine Intelligence, 2011, 33 (7): 1310- 1323.

[139] Wang Y, Mori G. Human Sction Recognition by Semi-latent Topic Models [J]. IEEE Transaction on Pattern Analysis and Machine Intelligence, 2009, 31 (10): 1762-1774.

[140] Wang Y, Mori G. Learning a Discriminative Hidden Part Model for Human Action Recognition [C]. In Advances in Neural Information Processing Systems, Whistler, 2008: 1721-1728.

[141] Wang Y, Sabzmeydani P, Mori G. Semi-Latent Dirichlet Allocation: A Hierarchical Model for Human Action Recognition [C]. ICCV Workshop on Human Motion, Rio de Janeiro, 2007: 240-254.

［142］ Weilwun Lu, James J. Little. Simultaneous Tracking and Action Recognition Using the PCA-HOG Descriptor ［C］. Canadian Conference on Computer and Robot Vision, Quebec, 2006: 1-6.

［143］ Weinland D, Boyer E. Action Recognition using Exemplar Based Embedding ［C］. IEEE Conference on Computer Vision and Pattern Recognition, Anchorage, 2008: 1-7.

［144］ Weinland D, Ronfard R, Boyer E. Motion History Volumes for Free View-point Action Recognition ［C］. IEEE International Workshop on Modeling People and Human Interaction, Beijing, 2005: 1-9.

［145］ Willems G, Tuytelaars T, Gool L J V. An Efficient dense and scale-invariant spatio-temporal interest point detector ［C］. European Conference on Computer Vision, Marseille, 2008: 650-663.

［146］ Wong S F, Cipolla R. Extracting Spatio-Temporal Interest Points Using Global Information ［C］. IEEE International Conference on Computer Vision, Rio de Janeiro, 2007: 1-8.

［147］ Wong S. F, Kim T. Cipolla K, R. Learning Motion Categories using Both Semantic and Spatial Temporal Words ［C］. IEEE Conference on Computer Vision and Pattern Recognition, Minneapolis, 2007: 1-6.

［148］ Wu D, Shao L. Leveraging Hierarchical Parametric Networks for Skeletal Joints Based Action Segmentation and Recognition ［C］. IEEE Conference on Computer Vision and Pattern Recognition, Columbus, 2014: 724-731.

［149］ Yamato J, Ohya J, Ishii K. Recognizing Human Action in Time-Sequential Images Using Hidden Markov Model ［C］. IEEE Conference on Computer Vision and Pattern Recognition, Champaign, 1992: 379-385.

［150］ Yao A, Gall J, Gool L. V. A Hough Transform-Based Voting Framework for Action Recognition ［C］. IEEE Conference on Computer Vision and Pattern Recognition, San Francisco, 2010: 2061-2068.

［151］ Yeffet L, Wolf L. Local Trinary Patterns for Human Action Recognition ［C］. IEEE International Conference on Computer Vision, Kyoto, 2009: 492-497.

［152］ Yilma A, Shah M. Recognizing Human Actions in Videos Acquired by Uncalibrated Moving Cameras ［C］. IEEE International Conference on Computer Vision, Beijing, 2005: 150-157.

［153］ Yilmaz A, Shah M. Action Sketch: A novel Action Representaion ［C］. IEEE Conference on Computer Vision and Pattern Recognition, San Diego, 2005: 984-989.

［154］ Yu G, Goussies N. A, Yuan J, et al. Fast Action Detection via Discriminative Random Forest Voting and Top－K Subvolume Search ［J］. IEEE Transactions on Multimedia, 2011, 13 （3）: 507-517.

［155］ Yu G, Yuan J, Liu Z. Unsupervised random forest indexing for fast action search ［C］. IEEE Conference on Computer Vision and Pattern Recognition, Providence, 2011: 865-872.

［156］ Yuan J, Liu Z, Wu Y. Discriminative Video Pattern Search for Efficient Action Detection ［J］. IEEE Transactions on Pattern Analysis and Machine Intelligence, 2011, 33 （9）: 1728-1742.

［157］ Zhang S, Yao H, Sun X, et al. Action Recognition based on Overcomplete Independent Component Analysis ［J］. Information Sciences, 2014, 281: 635-647.

［158］ Zhang S, Yao H, Sun X, et al. Robust Visual Tracking Using An Effective Appearance Model Based on Sparse Coding ［J］. ACM Transactions on Intelligent Systems and Technology, 2012, 3 （3）: 1-18.

［159］ Zhang S, Yao H, Sun X, et al. Sparse Coding Based Visual Tracking: Review and Experimental Comparison ［J］. Pattern Recognition, 2013, 46 （7）: 1772-1788.

［160］ Zhang S, Yao H, Zhou H, et al. Robust Visual Tracking Based on Online Learning Sparse Representation ［J］. Neurocomputing, 2013, 100 （1）: 31-40.

［161］ Zhang Z, Tao D. Slow Feature Analysis for Human Action Recognition ［J］. IEEE Transaction on Pattern Analysis and Machine Intelligence, 2012, 34 （3）: 436-450.

［162］ Zou W. Y, Zhu S, Ng A. Y, et al. Deep Learning of Invariant Features via Simulated Fixations in Video ［C］. In Advances in Neural Information Processing Systems, South Lake Tahoe, 2012: 3212-3220.